来我家参观吧！

日本On Design 编著 李晓蕾 译

華中科技大學出版社
http://www.hustp.com
中国·武汉

来我家参观吧

我们建筑师们始终都在通过建造房屋，感受住户们将在未来发生的生动、有趣的故事。他们可能会在这里聊一聊自己的兴趣爱好，分享一下自己感觉不错的地方，也可能会讲一讲家人的故事，谈一谈自己理想的生活是什么样子。

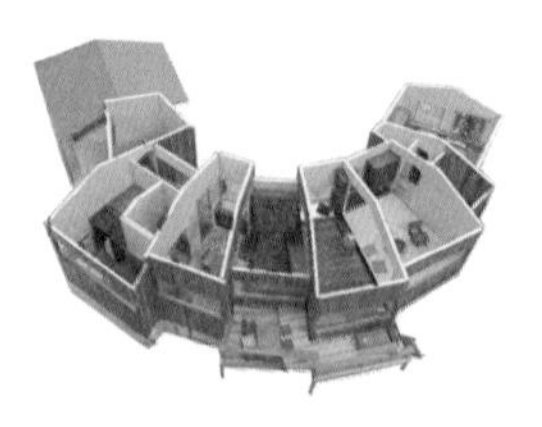

只通过谈话来讲这些事情多少有些虚空，我们会把将来住户可能的生活场景做成模型共享，看着模型进行对话的话，交流的内容也会更加具体：我想要一个一面墙大的书柜，在家里摆放上自己喜欢的家具，使用天然的材料。还想住在通风良好的房子里，在家里贴上会给人留下深刻印象的瓷砖，在柜子

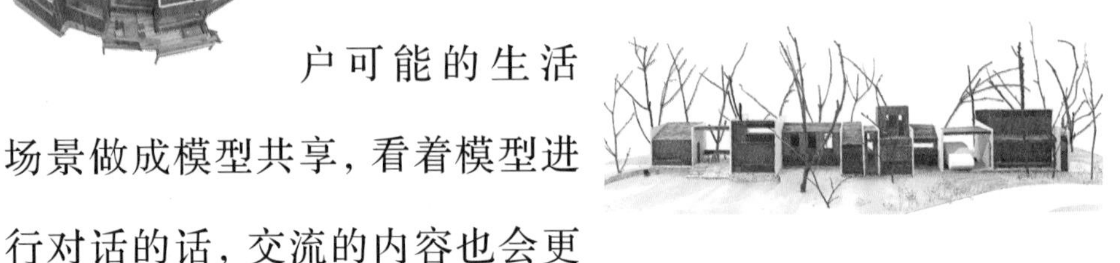

上摆放上很多装饰品，在做饭的同时可以看着孩子，在阳台上喝喝茶，晒晒太阳。我还想要一个自己的兴趣房间，泡澡的浴室要足够舒服，想要大窗户和大阳台，一个素土地面的房间，在生活中享受音乐，和朋友们在院子里BBQ，养一只狗舒心地生活……

一开始这些都是碎片式的画面，一点点扩大开来之后，就会看到住户们将来的整体生活样貌、生活方式和生活风格，也会立体地看到一个他们所向往的家，住户们未来的故事也慢慢放大开来。

在这本书里，你可以窥视到模型中的生活，我们一起说："来我家参观吧。"

PART 1

在这个家里，你可以实现所有梦想

PART 2

在这个家里，你能更贴近生活

PART 3

在这个家里，你可以过集体生活

插图设计　小寺练（surmometer inc.）

摄　　影　鸟村钢一
（pp.2-3、8-25、28-30、35、38-43、48-49、51-58、60-66、68-70、75、78-79、82-89、94-97、100-107、110-111）

PART 1

在这个家里，你可以实现所有梦想

建造一栋房子时，选址的便利性、采光情况、房间的个数、
安全性等问题，都会渐渐变得现实起来。
现在，请试着想象一下自己“梦想的生活”。
向往在自然中生活，希望拥有一个院子……
请继续发散自己的想象，大胆想象自己
“梦想中的生活”，来看一看我们制作的模型吧。

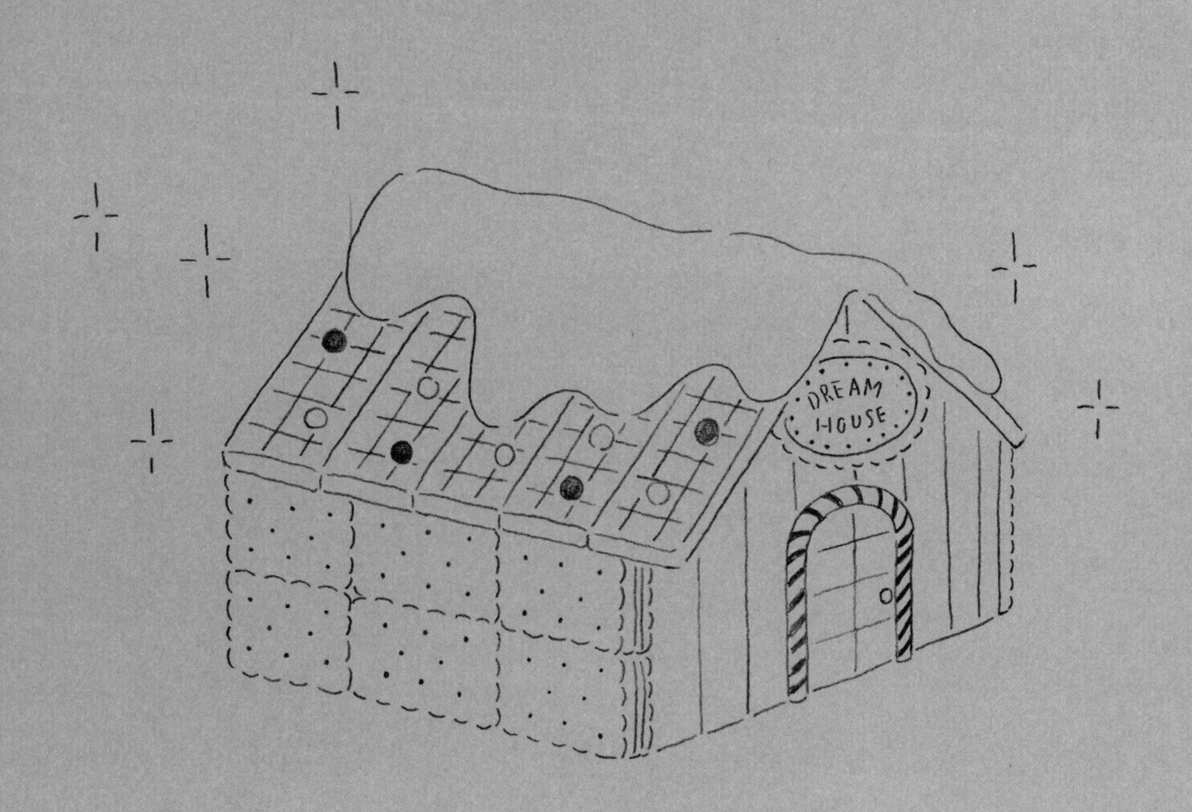

House with Flexibility

可以灵活布置的房子

首先，考虑一下什么样的生活是适合自己的

漫长的岁月中，我们的生活日新月异。迎来新的家庭成员、饲养一只宠物、收集好用的工具和自己喜欢的小玩意儿……一个大屋顶下的生活空间，不停地包容着我们每天小小的喜悦和几十年后充满希望的未来。我们时常会感觉到，生活的丰富多彩就在于，对自己来说重要的、必不可少的东西就在自己身边。正是有了一个能够遮挡风雨的大屋顶，有了时刻配合生活变化的空间，我们才能够充分享受这种丰富多彩的生活。

什么样的生活是舒服、愉快的

卧室

如果想在睡觉前悠闲地观赏星星，可以把卧室设在一个小小的露天平台旁边。

露台

如果在向阳的南边设置一个大露台，就可以像在露天咖啡馆一样享受美妙的品茶时间。

厨房

妈妈经常在厨房里花掉很多的时间，可以将厨房设置在家人聚集的餐厅旁边。

浴室

能够解除一整天疲劳的浴室，应该设置在天花板较低、让人心情放松的地方。

餐厅

家人聚集的餐厅，应该设置在能够环视整个房子的中心处。

客厅

能够悠闲地躺在沙发上犯懒的客厅，可以设置在正对露台的大窗户后，在这里可以看见院子里的树木。

LIFE IN THE WOODS

建在树林里的家

你想住在什么地方？

请试着想象一下你憧憬的生活。想象一下置身于喜欢的地点、美丽的风景之中，在河边听着潺潺流水声，在森林中欣赏葱葱绿树，站在楼台上将大海一览无遗。或者，带着从河里钓上来的鱼和收获的蔬菜在院子里烧烤。再或者，在树上伴随着微风读书。在考虑什么样的生活适合自己时，要摆脱上班方便、离车站近等条条框框的束缚，想象一下自己真正想要过怎样的生活。这样一来，你可能会发现，让人心驰神往的生活和适合自己居住的地点，并不是之前选择的便利的地方。

在生活中见证森林的成长

如果你想保护一片森林的环境，可以在森林里建造一栋房子，打造四边是大玻璃墙的房子，在周围建上环状的露台，站在露台的上面，能够从不同高度感受这片森林。这些环状的露台错落有致，有的地方靠近房间，有的地方向森林深处延伸。在树荫下读书，在树丛中小憩，享受如同野餐的午饭时间，在自然中研究、观察鸟儿。在这里，你可以守护森林，也可以享受既日常又稍微脱离日常的愉快生活。

Approach to Gardens

享受园艺生活的家

建造房子最开心的事

在家里待着的时候，什么时候感觉最幸福？舒服地泡澡，还是和家人一起吃饭？这时，有的人可能想到“园艺”这个答案。谈到在家里度过的时间，除了室内，在院子里度过的时光也包含在内。在这样的家里，既能在如同花园一般的院子里与美丽的花草树木相遇，又能收藏最喜爱的古董，房子的布局完全能够让你享受最美好的时光。

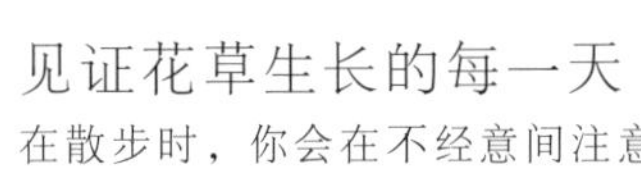

见证花草生长的每一天

在散步时，你会在不经意间注意到脚边盛开的花儿，这时你会露出会心的微笑。如果家里有院子的话，你同样可以在365天里，每天与自然的微妙之处相遇，对自然有新的发现。

Bedroom 可以在卧室的旁边种植几种香草。

Deck Terrace 到阳台上读书时，可以看到旁边日光室（sun room）里的小玫瑰正在盛开。

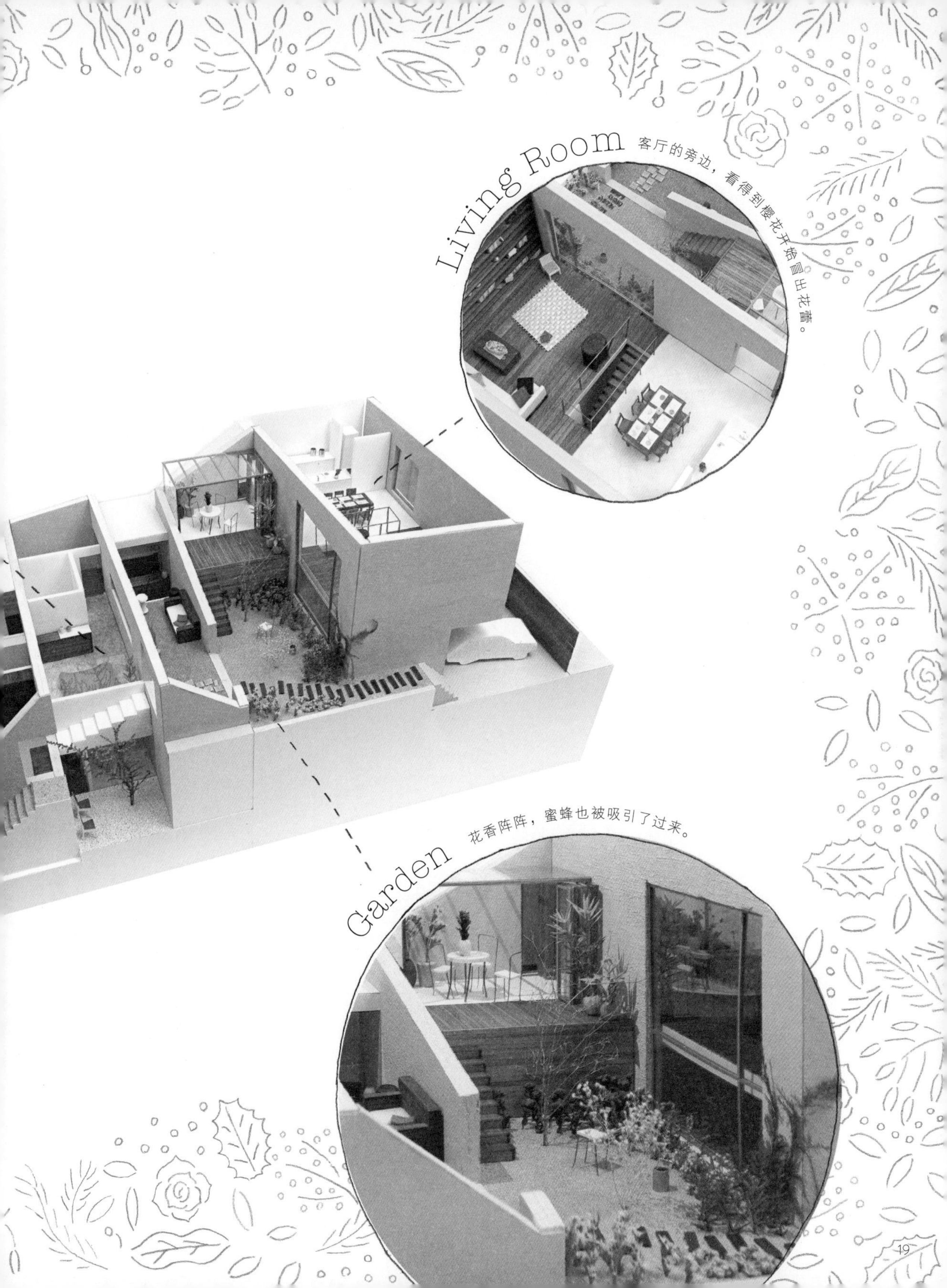
Living Room
客厅的旁边，看得到樱花开始冒出花蕾。
Garden
花香阵阵，蜜蜂也被吸引了过来。

LIVE IN THE WAREHOUSE

仓库改成的家

开始一段个性定制的生活

建立一个家，不仅仅局限于建造一栋新房子，也可以改造现有的场所。即使是一座仓库，也可以改造成一个家。几年前建成的一座仓库，在时间的积淀之下，有着一种独特的韵味。将其所拥有的个性保留，用自己的双手改造成一座住着舒心、愉快的个性化房屋，其中的欢乐是建造一栋新房子体验不到的。

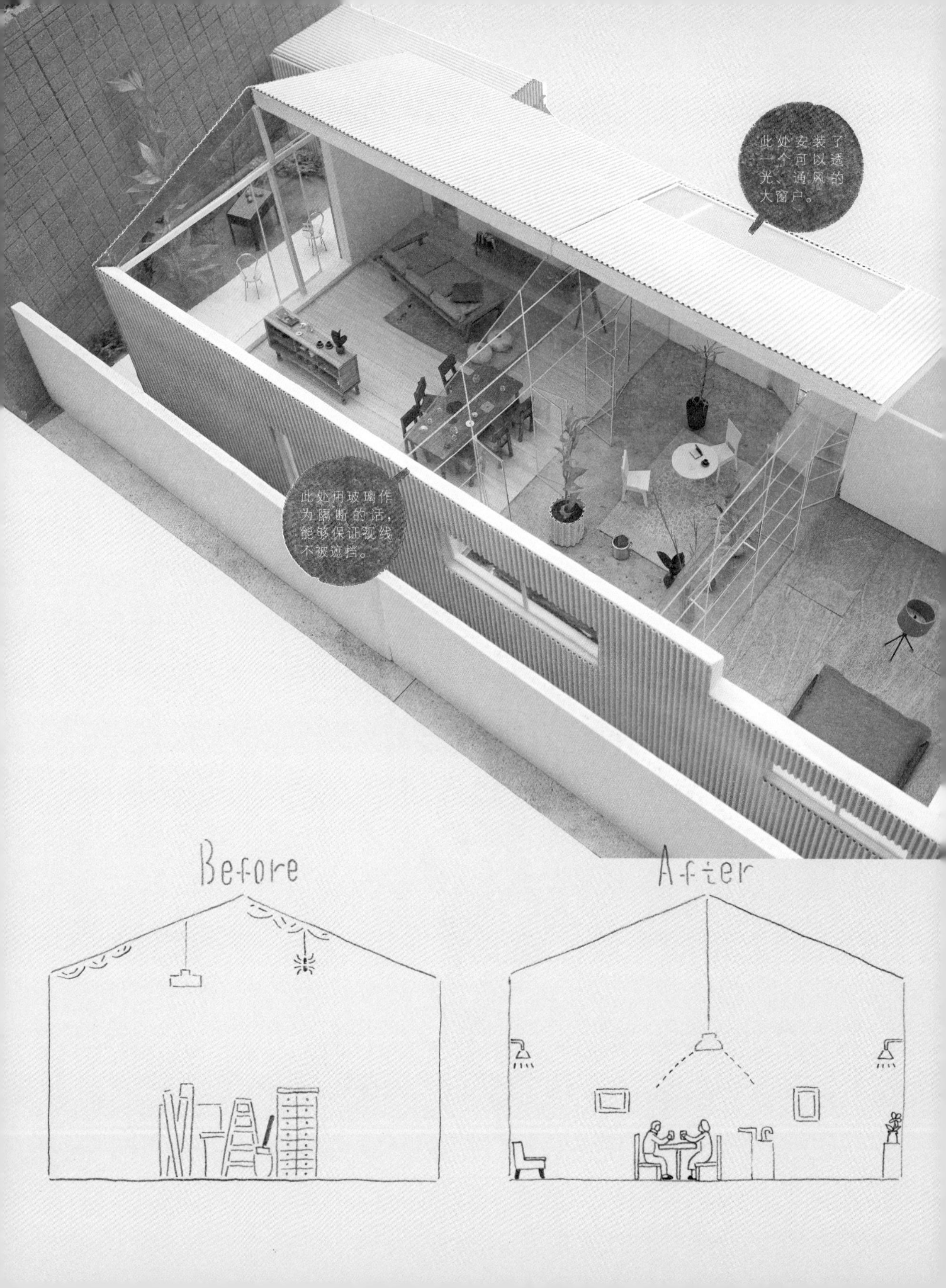
此处安装了一个可以透光、通风的大窗户。
此处用玻璃作为隔断的话，能够保证视线不被遮挡。
Before
After

活用仓库大空间

为了活用仓库的大空间，使用了可以延伸视线的玻璃墙，将其改造成方便居住的空间形态。在大空间里，可以有效利用天花板的高度安装照明灯具，自由地购置家具，在这种生活中会产生不一样的乐趣。

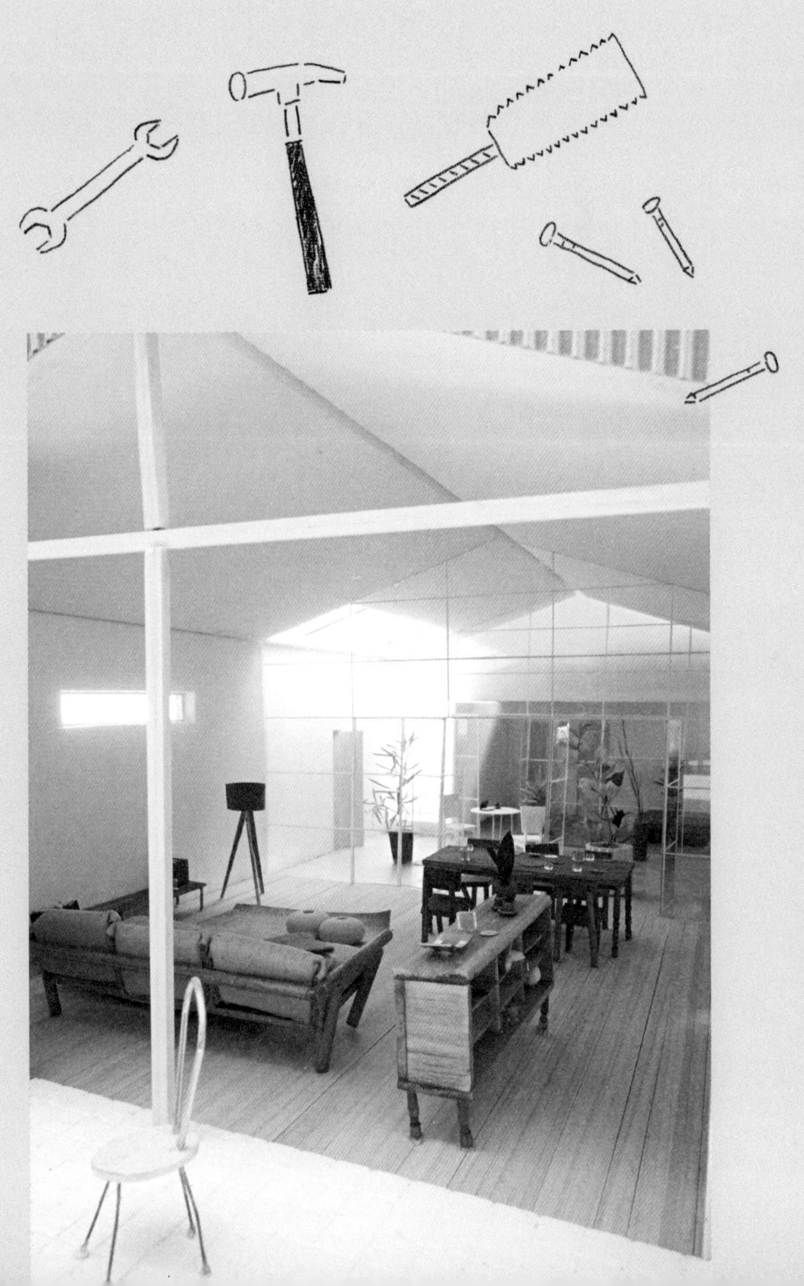

LIKE A VILLAGE

住在“村子”里

客厅

厨房

比萨炉

木凉台

心爱之处集聚的家

即使在一片土地上，也可以同时集中着适合远眺之处、樱花树的树荫、菜田与植物的群落等。将拥有不同机能的房间放置在一片土地上时，这一个整体的家，就会成为一个拥有不同特征场所的集聚之地。在这里，你可以根据当天的天气、时间、心情变化，或者想和谁在一起度过什么样的时光，来选择一个合适的场所。

山脉休息室
富士山休息室
浴室

在“村子”里活跃的角色们

SCENE 1

木凉台

坐在樱花树旁边的木凉台上，可以将整片土地尽收眼底，这里也是每年赏花的最佳座位。

SCENE 2

富士山休息室

在这个休息室里可以遥望富士山，在铺着榻榻米的房间里边饮茶边欣赏富士山的美景，也是一大兴事。

SCENE 3

浴室

打开浴室的大窗户，会有舒心的风吹进来，瞬间成为一个开放的露天浴室。

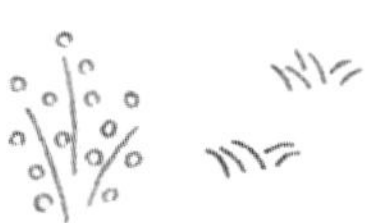

SCENE 4

山脉休息室

此处可以远眺山脉，是“村子”的最高处，可以直接建在水泥面的房顶上。

砖制比萨炉

这个砖制的比萨炉有着拱形的顶面，十分可爱。有了它，可以邀请亲朋好友到家里做比萨啦。

SCENE 6

水刷石制水槽

一个室外的大水槽对于清洗从菜田摘来的蔬菜必不可少。水刷石制成的水槽耐久性也比较好。

SCENE 7

柴火炉客厅

“村子”中心是一个拥有柴火炉的客厅。它作为一家团圆的地方，在生活中必不可少。

House for the Large Family

大家庭的房屋布局

“考虑新家”等于“了解家人”

你的家人都比较看重哪些时间？关于这个问题，你想过吗？家人一起度过的时间，自己休息的时间……，在考虑房间布局时，需要征求家里每个人的意见，这时你会发现，家庭是不同人的集合，即使是家人，视点也会各不相同。在考虑新家的布局时，你会看到平时若无其事一起生活的家人们不为人知的一面。此时，正是考虑“家庭的风景”的时候。

集合家人个性的“家庭的风景”

长子的房间

这个房间旁边是一个大露台，会让人感觉比实际面积宽敞很多，是一个奢侈的房间。

长女的房间

为了在墙上张贴装饰海报和画，可用胶合板做墙壁的材料。

三女的房间

这个房间着重使用自然素材，墙壁是粉刷的，地板选用了樱桃木。

次女的房间

这个房间的窗户使用了磨砂玻璃，点上心爱的灯时，可以微微透出美丽的灯光。

四女的房间

为了能够摆放很多观叶植物，在这个房间设计了大窗户和阳台。

次子的房间

这个房间活用了衣柜，因而很简单整洁。

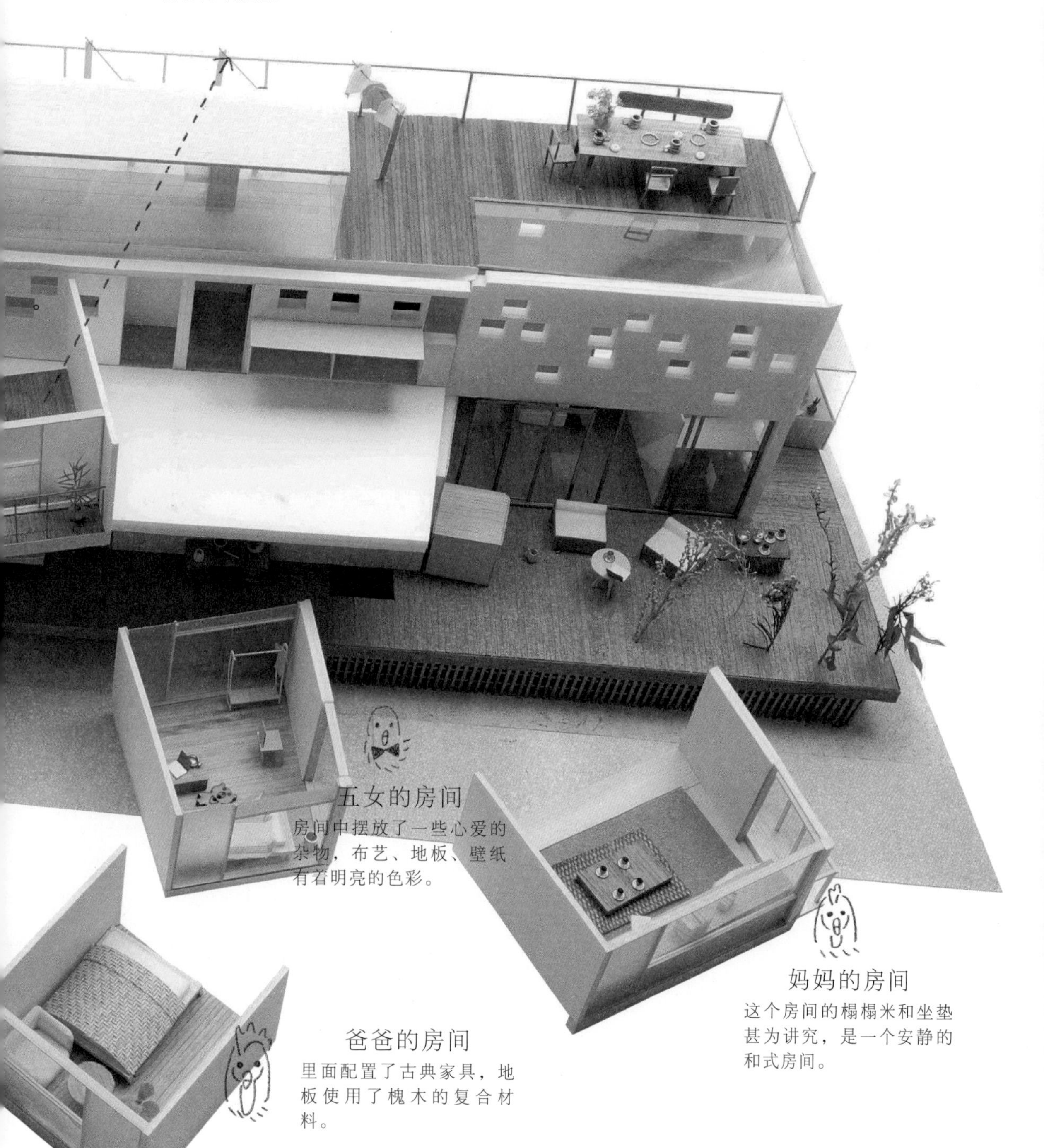

五女的房间

房间中摆放了一些心爱的杂物，布艺、地板、壁纸有着明亮的色彩。

妈妈的房间

这个房间的榻榻米和坐垫甚为讲究，是一个安静的和式房间。

爸爸的房间

里面配置了古典家具，地板使用了槐木的复合材料。

PART 2

在这个家里，你能更贴近生活

我们在与生活中发现的自我进行对话时，会在不经意的瞬间产生“如果是这样就好了”的灵感。

Face to Face

面对面的生活

一位爱好冲浪的丈夫和音乐家妻子，准备建一座新房子。他们需要一个既能感觉到对方的存在，又能毫无顾忌地投入自己爱好和工作的空间。我们在综合考虑房间布局之后，在如同空地的客厅两侧，面对面建造了两个同样形状的小家。

想在一起生活，
同时享受着，
自己的爱好！

冲浪的空间

在冲浪房间（surf room）里，周末的幸福时光就是能摸到自己心爱的冲浪板了。

音乐的空间

在这里可以不必担心隔音，尽情演奏长笛。仿佛独占了一个小音乐厅。

二人团圆

投身自己的兴趣爱好，或者一起在客厅待着，都是珍贵的二人时间。

互相感觉到对方的存在

夫妻俩在这两个面对面的空间里，即使是独处，也能感觉到对方的存在，安心感满满。

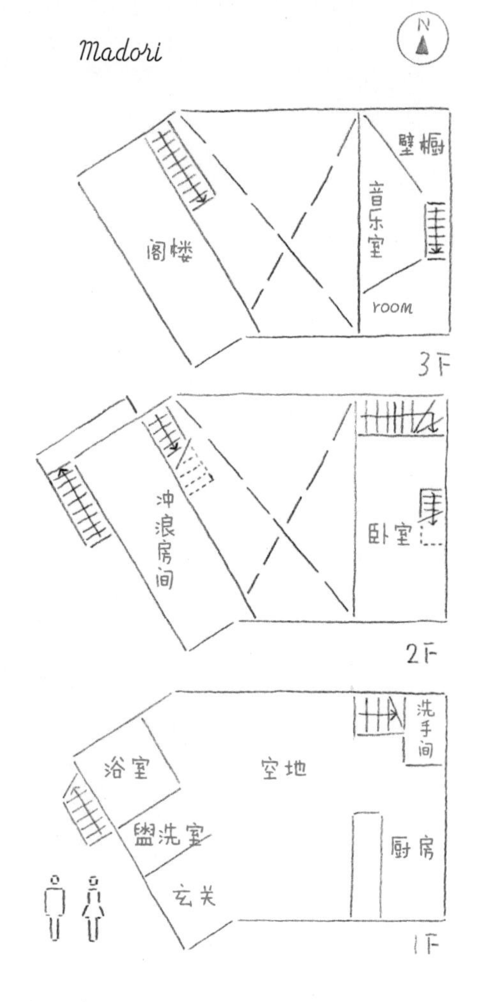

即使四面被邻家包围，有了这个如同大空地的客厅，也可以使阳光照射进来，也能有效进行通风。在这里，为两人准备了餐桌、大沙发和植物。这块被两个小家夹在中间的空地，联结了两人，创造出属于两人的时间。

晒太阳、读书……
喝茶时间……

Outdoor Living

有前庭的生活

房子的南边是道路，这里是一片有充足阳光照射的土地。把这片向阳地用作停车场实在是浪费，于是我们在正对道路的停车场上方设计了一个前庭。于是，这里既有比道路高出一块的前庭，又有正对前庭的客厅。室内和户外的布局给人以舒适、愉快的体验。

享受室内和
户外两个客厅。

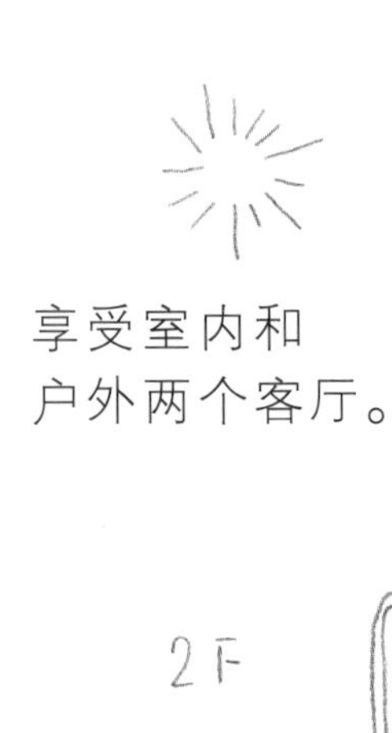

Outdoor Living

这里有正对道路的停车场及位于其上方的前庭。在高出道路的位置，能感觉到和街道有一段恰到好处的距离感。在这个户外客厅，可以不用在意周边而尽情享受暖阳和微风。

Indoor Living

在室内客厅中度过了一天中最长的时间，而前庭在一定程度上保护了你的隐私，使得室内客厅成为可以放松休息的空间。

Madori

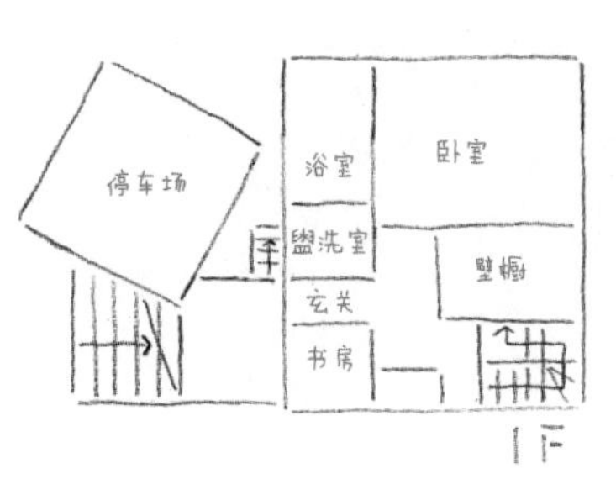

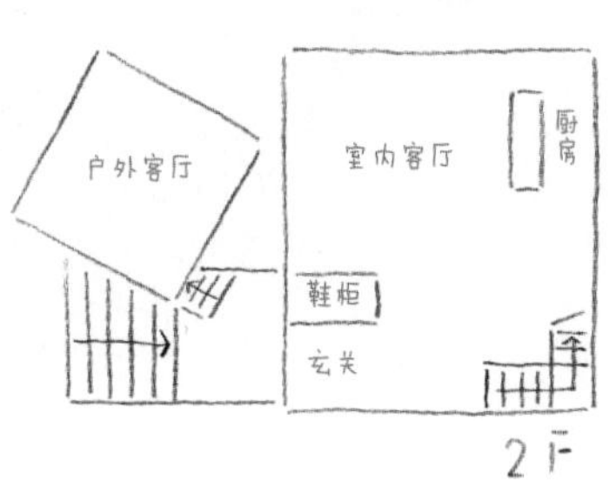

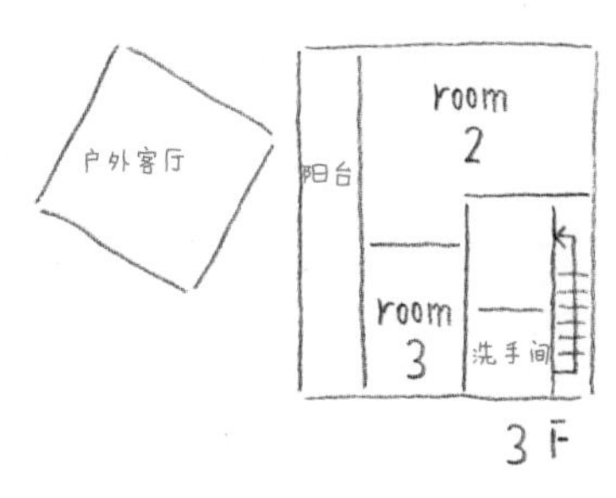

Entrance
Bathroom
Dining Room
Study Room

Cozy Corner With a View

这个房间，风景在身边

清晨沐浴着阳光的卧室、休息时能看到树木的榻榻米房、透过枝叶间隙漏进阳光的书房、可以欣赏着风景吃饭的餐厅、在满天星空下洗澡的浴室，我们规划了这种空间布局，可以贴近自然，观察斗转星移。

配合土地倾斜变换高度的窗边。

Living Room

可以看见全景的窗户和窗边的长凳，是家人都喜欢的场所。

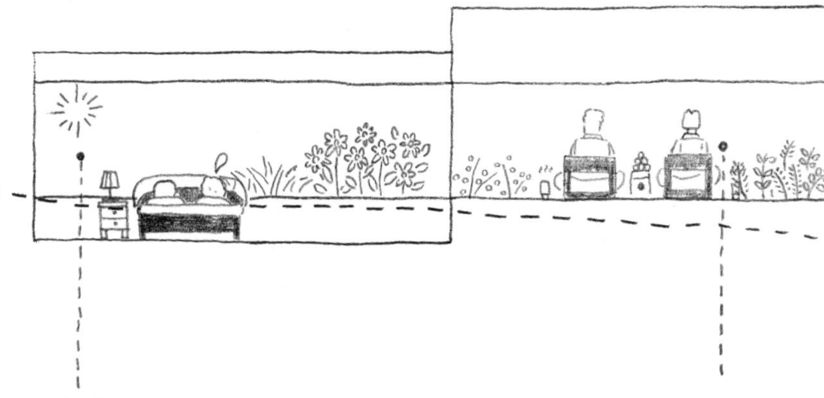

Bedroom

配合床的高度安装的窗户，能通过早晨的阳光告诉你天亮了。

Japanese-Style Room

这个房间有与低矮的花草平齐的窗户，可以建造一间宽敞安静的榻榻米屋。

Dining Room

在餐厅中打开窗户，可以看到外面美丽的风景，给餐桌再添一抹色彩。

Bathroom

泡澡时，透过高高的窗户可以望见璀璨的夜空。

Entrance

从玄关处的高窗露出的天空，迎接着一位位客人的到来。

Study Room

学习、读书累了的话，可以透过齐桌高的窗户远望外面的风景，以减轻疲劳。

Madori

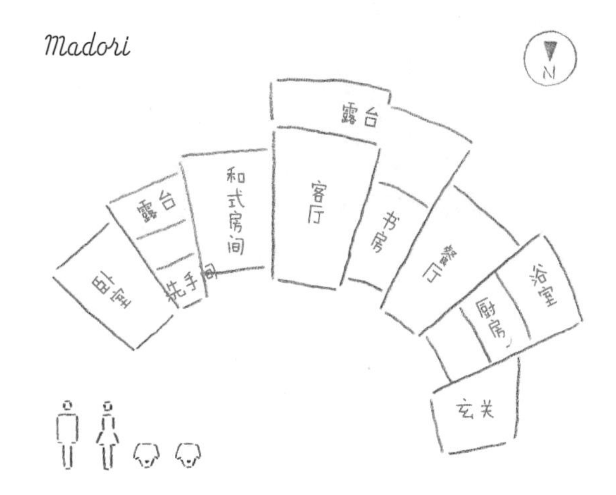

TIP 1 ABOUT STUFF

我们一起思考

地板、墙壁大改造

将木块用于住宅的地面，打造出有格调的书房和客厅。

Page 52

将具有沉稳色调的栗木按“人”字形贴于客厅的地面，使客厅更有风格。

Page 60

木凉台需选用红铁木或重蚁木等耐磨性较强的木材。

Page 74

具有自然质感的陶瓷地砖露台，与绿色植物交相辉映。

Page 74

贴有各种各样砖块的外墙，是永不过时的原创设计。

Page 24

灰色的外墙既耐脏又易保养。

Page 56

TIP 1
ABOUT STUFF

胶合板切成正方形来粘贴，用暗色系更显时髦与高雅。

Page 56

使用纯天然地板，拥有自然的木纹和浓淡相宜的色彩。

Page 68

将用于外墙的石头面砖大胆地用于室内设计，可以表现出一种厚重感。

Page 68

铺上枕木的通道，会从单调变得更富表情。

Page 60

用灰浆打造日光房（sun room）的露台，会营造一种简单、轻松的氛围。

Page 98

将红黑色的花梨木按照“人”字形粘贴，有古香古色的感觉。

Page 52

Sweet Display

收集杂物装饰新家

这家的主人喜欢收集北欧的杂物，一到周末，就会在家里开起小店。在家的正中间，有一个摆满心爱杂物的大柜子，以此为间隔，一边是自己的房间，另一边是店铺。琳琅满目的杂物将家和店铺连接在了一起。像来朋友家串门一样轻松，在这家店里，主人和客人们的交流也轻松活跃起来。

今天用哪个杯子好呢？

这个茶壶好可爱。

这是生活的收纳柜，也是店铺的陈列柜。

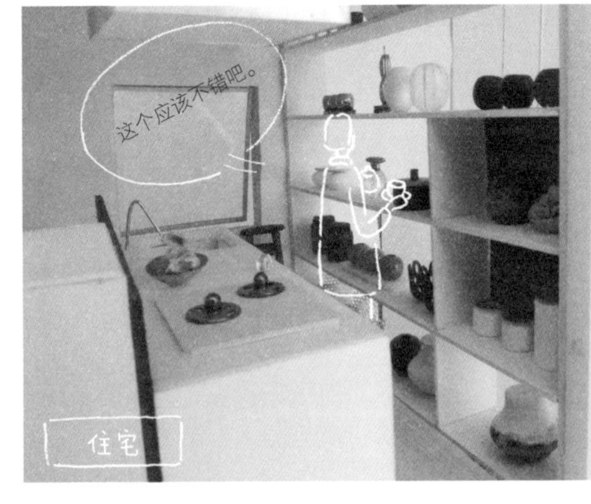

你好！
今后请多关照！
店铺

好不错的店啊～

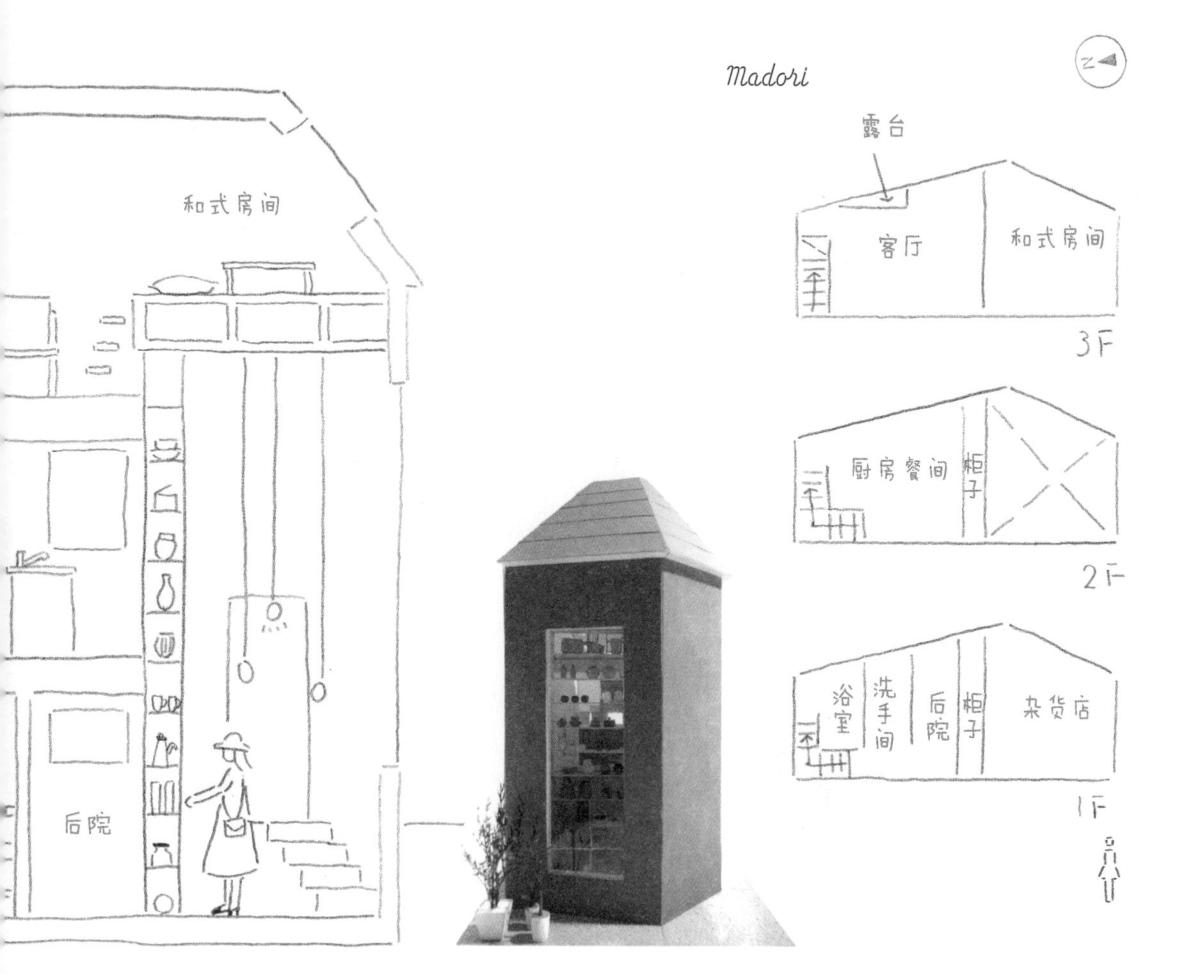
和式房间
后院
Madori
露台
客厅
和式房间
3F
厨房餐间
柜子
2F
浴室
洗手间
后院
柜子
杂货店
1F

楼梯栋90cm
间隙90cm
居室栋150cm

Narrow Lane

一个大间隙中的生活

在一小片土地上建造一个家时，会留出一个很大的“间隙”。将房子分为楼梯栋和居室栋两部分，中间的间隙会成为连接两栋建筑物的走廊，也会成为一个露台，甚至可能成为猫的散步小路。有了它，阳光可以照进来，微风能够吹过去，还能将地面的风景尽收眼底。有了这个间隙，生活中增添了更多新的风景。

透过间隙的光，吹进的风，传来的声音。
空间的间隙丰富了我们的生活。

间隙

Madori

居室栋

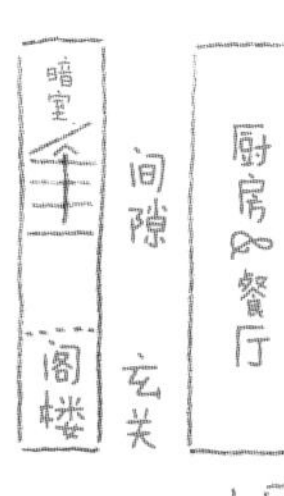
暗室
间隙
厨房&餐厅
阁楼
玄关
1F

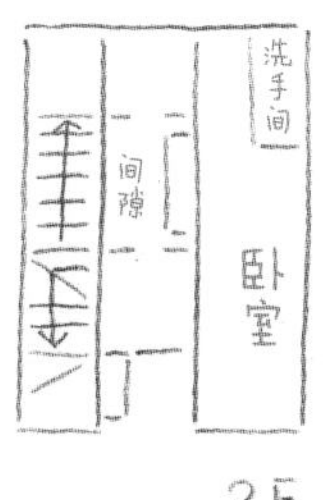
洗手间
间隙
卧室
2F

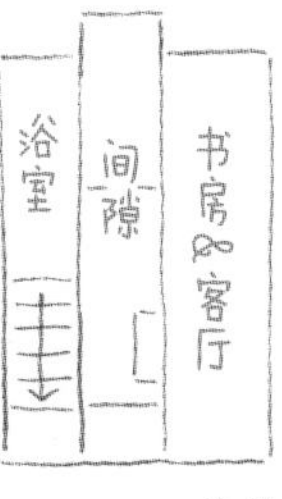
浴室
间隙
书房&客厅
3F

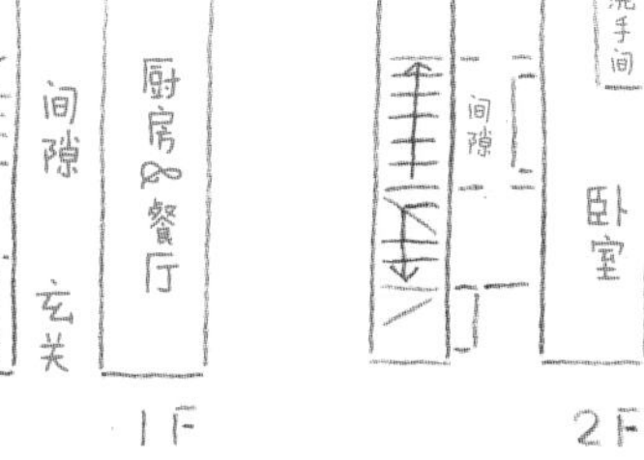

N

可以看到窗外
街上的风景。

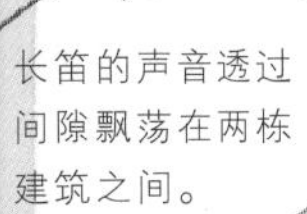
长笛的声音透过
间隙飘荡在两栋
建筑之间。

看得见跟地面
一致的间隙。

音乐伴随的生活

如果你想不在乎空间的限制，尽情地弹奏钢琴，可以在这个家的正中间打造一间小音乐室。弹奏钢琴的声音不会传到房子外面去，只会在厨房和客厅之间回响。这样的布局，使得以音乐为中心的多彩生活得以实现。

回旋在生活中的钢琴之调。

在餐厅吃饭时、在阁楼读书时、在客厅午睡时……，在若无其事的日常中隐隐传来的钢琴之音，给生活带来了几分别样的情愫。

Bathroom & Terrace

将浴室和阳台连接在一起的设计，形成一种开放感，也不用担心外边的视线，从而尽情放松。

Madori

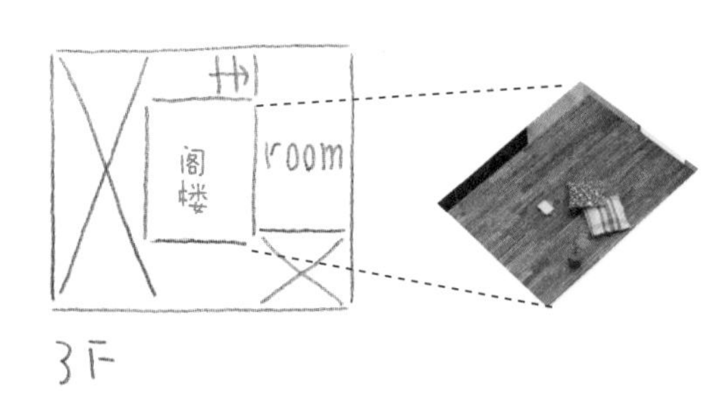

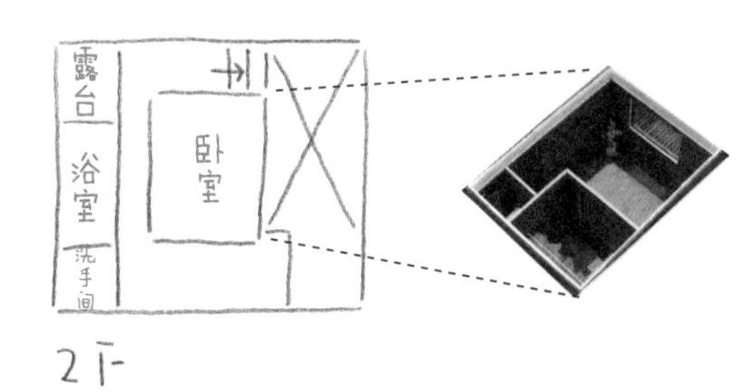

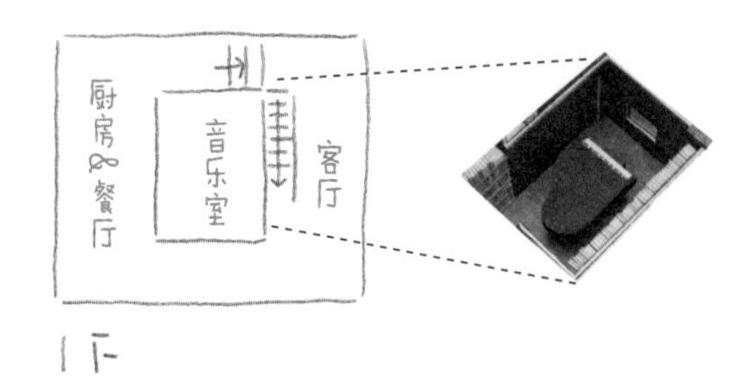

Dining Room

餐厅的位置比客厅更低一些，地面用灰浆粉刷，营造出一种咖啡店的气息。

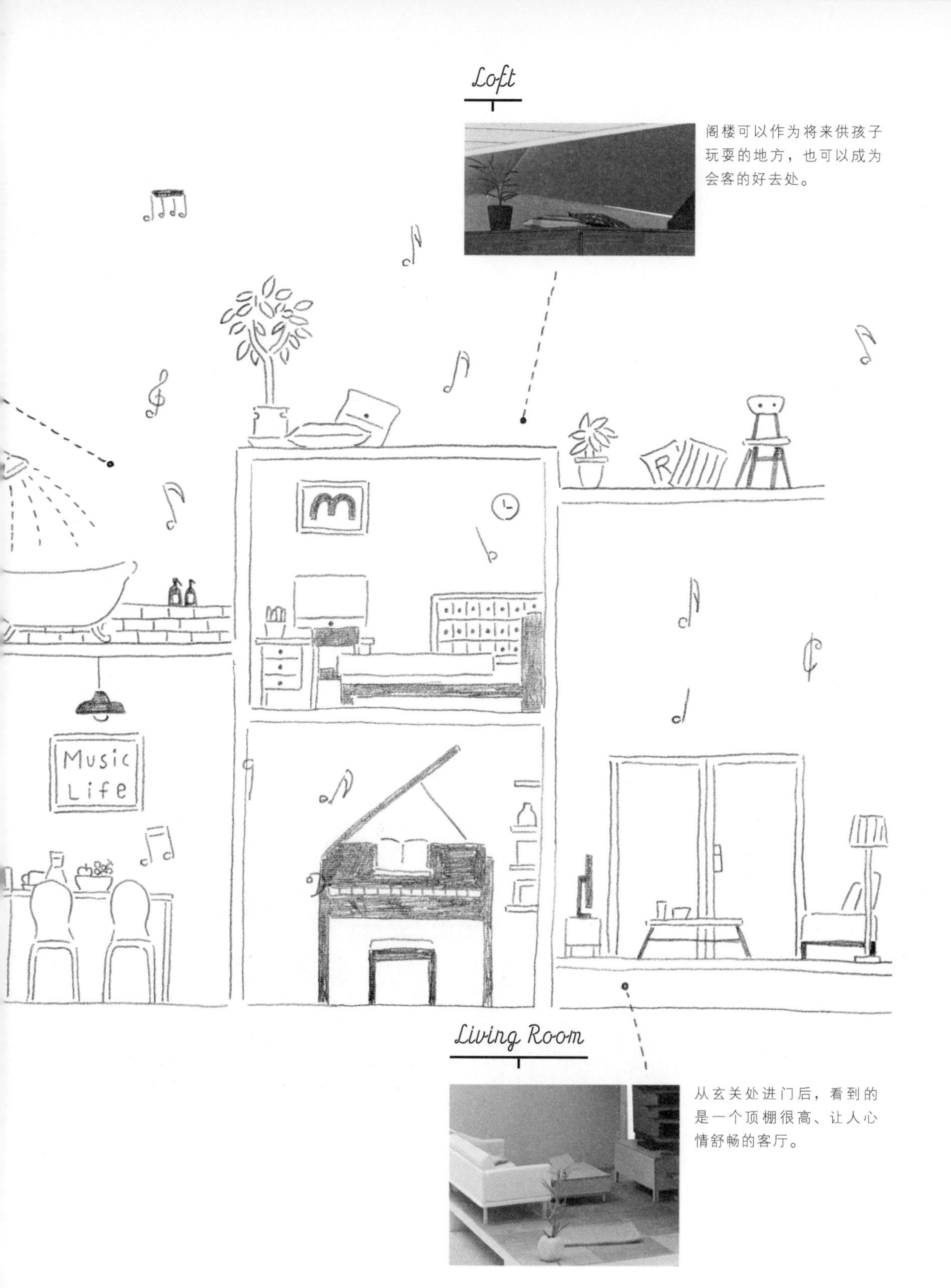

Loft

阁楼可以作为将来供孩子玩耍的地方，也可以成为会客的好去处。

Living Room

从玄关处进门后，看到的是一个顶棚很高、让人心情舒畅的客厅。

Dog Run

狗狗运动场

在美好的周末，你肯定会想带着狗狗到空气好的大自然中散散步吧。不管是在家里度过的时间，还是和狗狗在外面一起度过的时间，都是很珍贵的。如果周末在家过的话，可以充分利用土地，打造一个院子。这样每到周末，你就可以和狗狗一起与大自然亲密接触、尽情玩耍，也顺便给自己充个电。

让它跑个够吧！
但是在城市里
不大可能啊
……
呜~
周末去郊外
场地宽敞心情
真不错！
汪~

都市生活中无法做到的
可以在周末的避暑地实现。

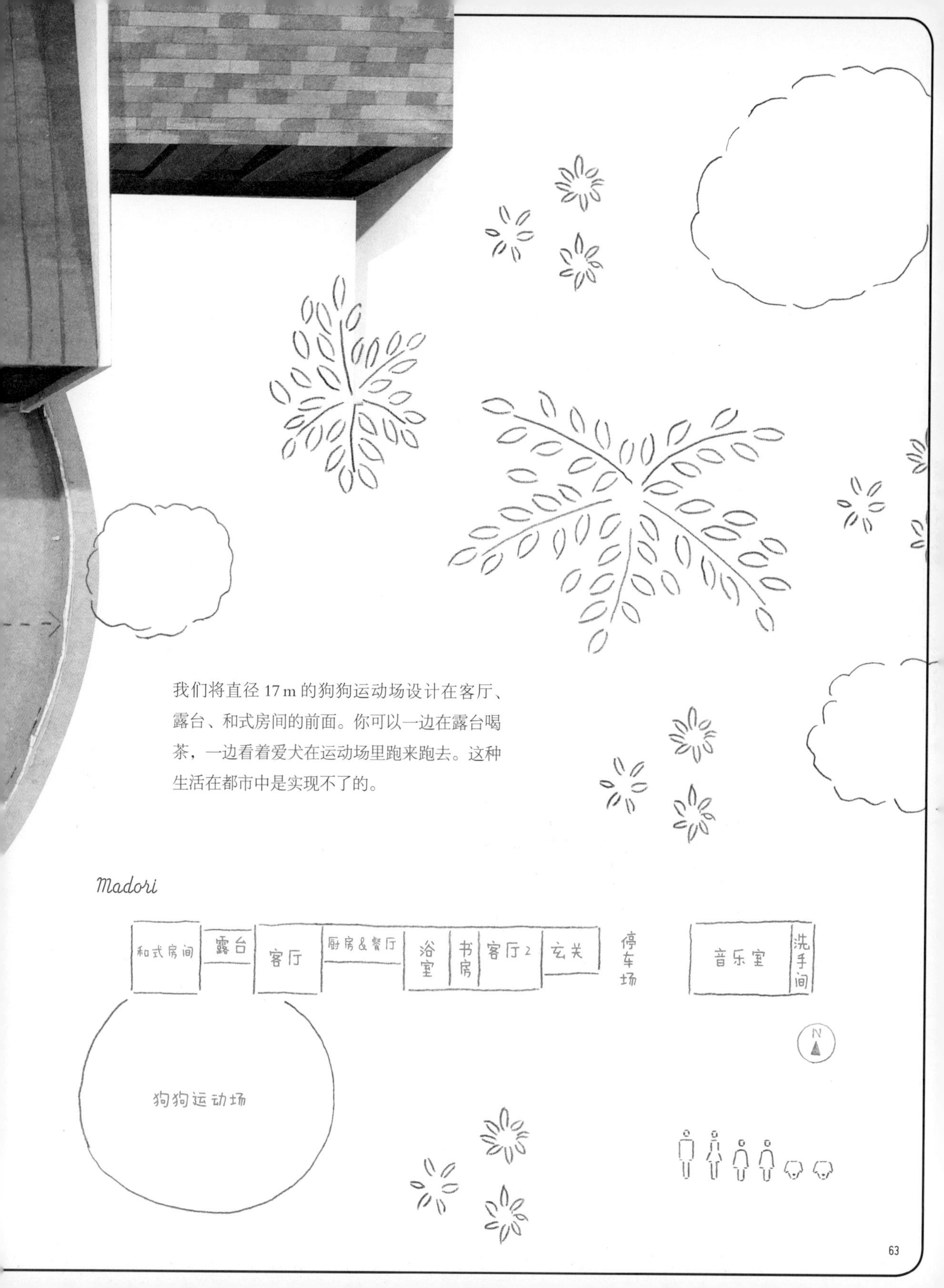

我们将直径 17 m 的狗狗运动场设计在客厅、露台、和式房间的前面。你可以一边在露台喝茶，一边看着爱犬在运动场里跑来跑去。这种生活在都市中是实现不了的。

Under the Sky

大屋檐下的家

小时候憧憬的图画书里的屋顶阁楼，位置比别的房间都要高，像一个很好的藏身之处，是一个很特别的空间。将这个神奇的地方直接改造成客厅和餐厅的话，透过屋顶上开的多个天窗可以看到外面广阔的天空，感觉家里也顿时宽敞了起来。

罩着一整片土地的大屋顶，可欣赏绿色植物的房檐下，开着天窗的屋顶……

对餐厅来说，需要一个与视线齐平可以欣赏外面景色的大窗户，而对厨房来说，需要一个用于采光的高窗户……。透过在大屋顶上开着的拱形窗户，不仅能够看到外面的天空，也与生活贴近。

在屋顶阁楼上开着很多拱形窗户。

看得见多彩变幻的
天空的风景。

Madori

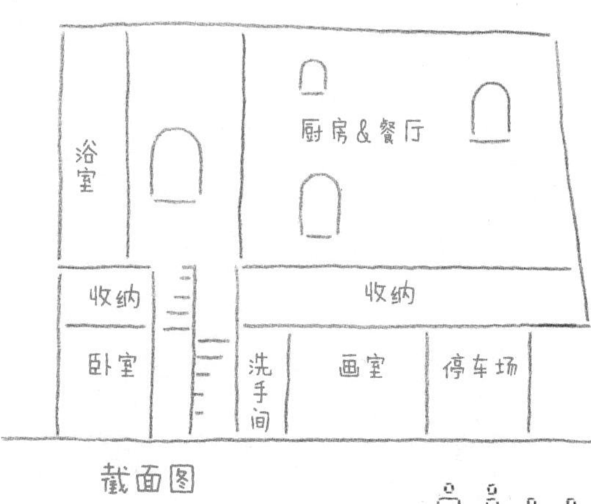

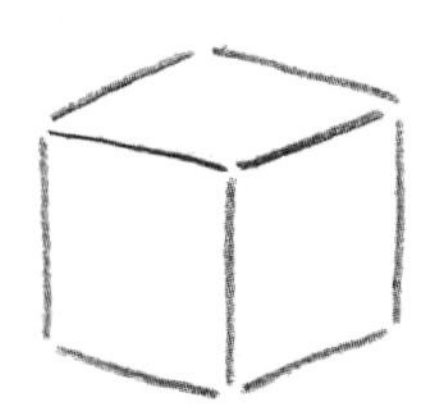

Boxes the Room

用箱子来布局

我们在模型里面用各种各样的箱子来表示各个空间。砖制的箱子是孩子的房间，石造的箱子是夫妻俩的房间，小箱子是收纳的房间。箱子和箱子之间的间隙，可以作为通道。这样，用各种各样的箱子做成的空间就完成了。

大小、形状、素材皆不同的箱子做成个性迥异的空间。

沉稳的父母的卧室

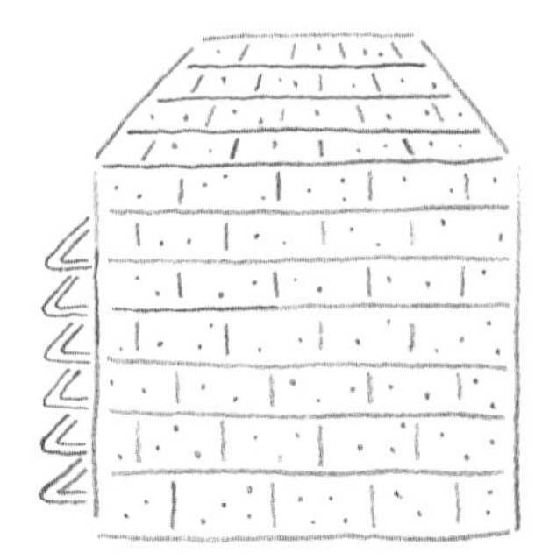

爬上孩子的二层小床后，可以把整个房间尽收眼底。

用箱子作为隔断，将空间隔离开来，可以在one room中享受多彩的生活。

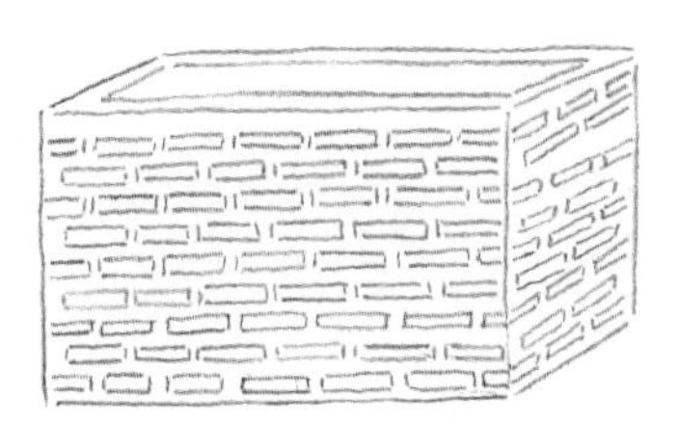

像秘密基地一样的
孩子们的二层小床

装清扫工具的箱子

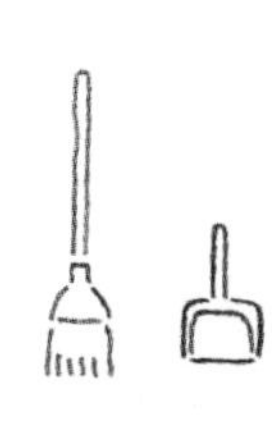

Box 2

洗衣机和亚麻布收纳盒

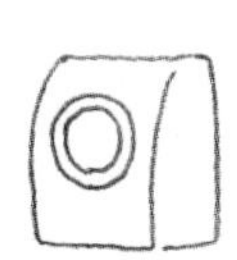

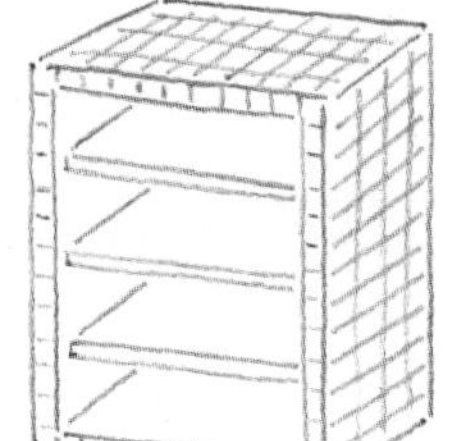

陈设柜

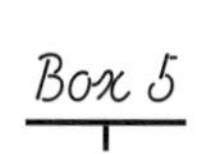

兼具装饰功能的玄
关鞋柜

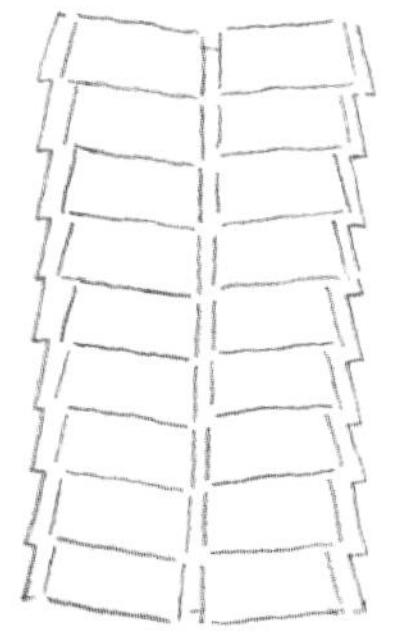

Box 7

大玩具箱 & 阁楼

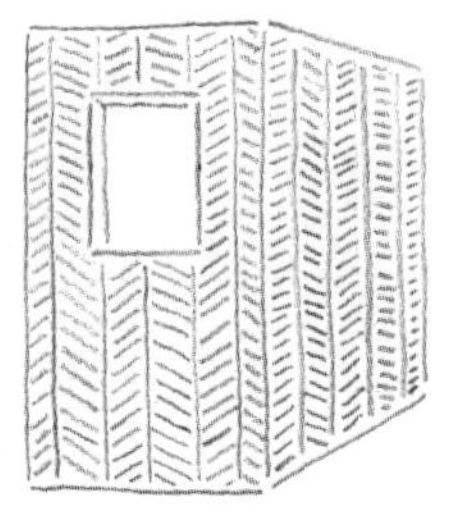

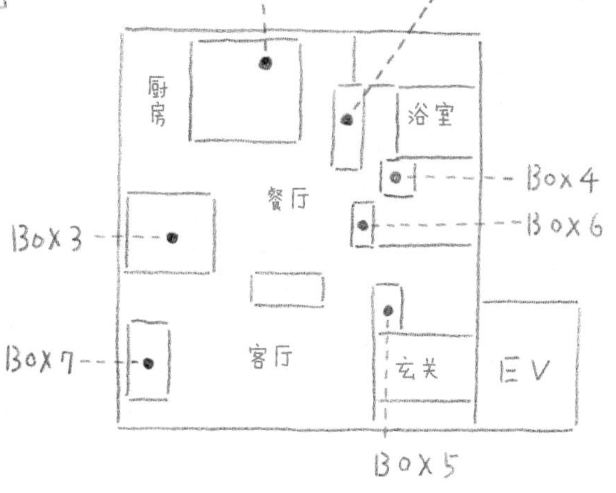

TIP 2 ABOUT CHAIR

我们一起思考

关于椅子的摆放

亚麻沙发打造出
简洁的客厅。

在窗边可以放一把单人
用的休闲式大简易椅。

在可以看到的海的露台
上放一把心爱的带垫脚
凳的椅子。

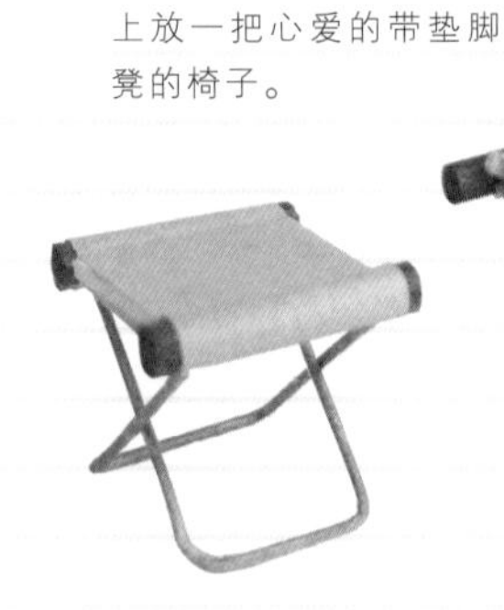

在阳台处放一把可以休
息的户外沙发。

在院子的草坪上，可以
放一把孩子们也可以坐
的小椅子。

TIP 2
ABOUT CHAIR

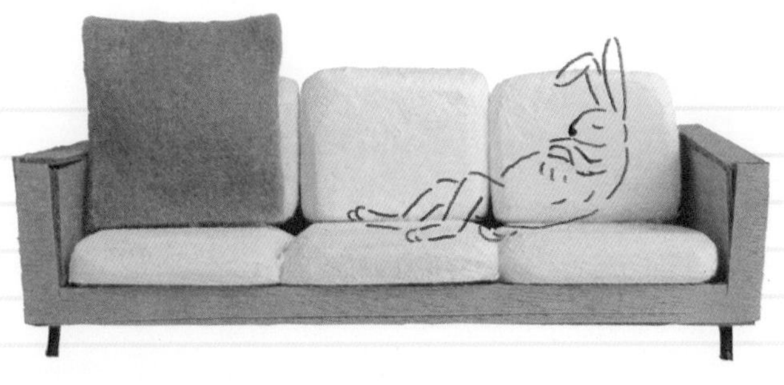

在会客间放一张较为沉稳的沙发，
迎接客人的到来。

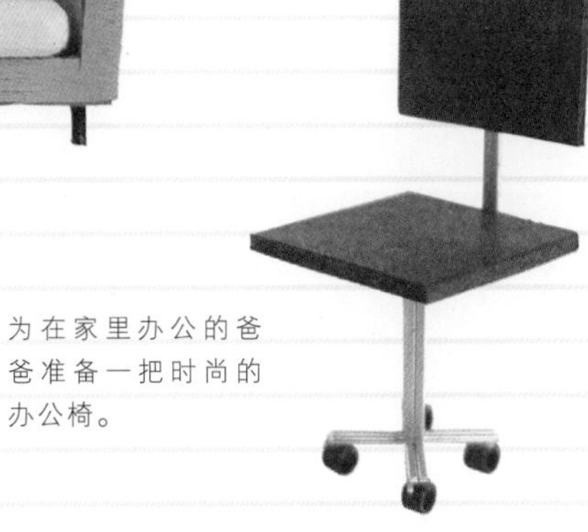

为在家里办公的爸
爸准备一把时尚的
办公椅。

在有咖啡店风格的露
台上，放一把有拱形
靠背的可爱木椅。

在院子烧烤（BBQ）
时必不可少的用椅。

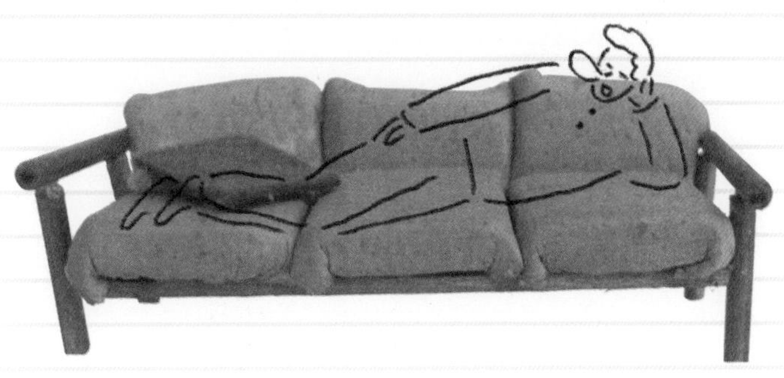

讲究的牛皮沙发，可以
放在有质感的客厅中。

Outlined Space

在家里散步

在这个家里，露台和外面的台阶等把每一个房间都连接了起来。在怡人的季节里与家人一起在院子里吃个饭，或者工作累了的话，从画室里走出来到露台上，在树荫下睡个午觉，都是不错的选择。在这里，你可以像在家里散步一样随意走动，配合自己的心情选择喜欢的时间和场地，可谓是一种奢侈的休闲生活。

从这儿到那儿。在心
爱的场所溜达时，
享受室外空间的乐趣。

Studio

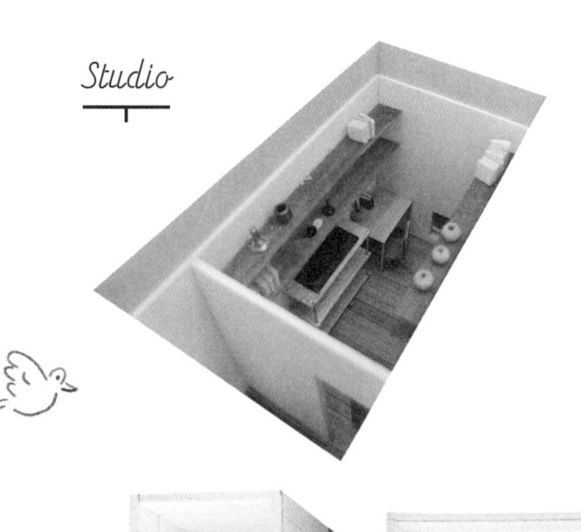

Terrace

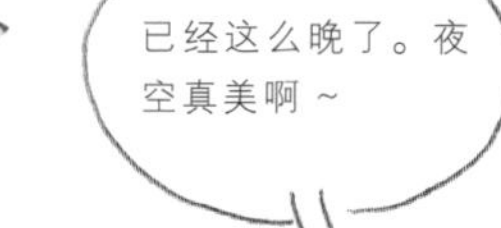

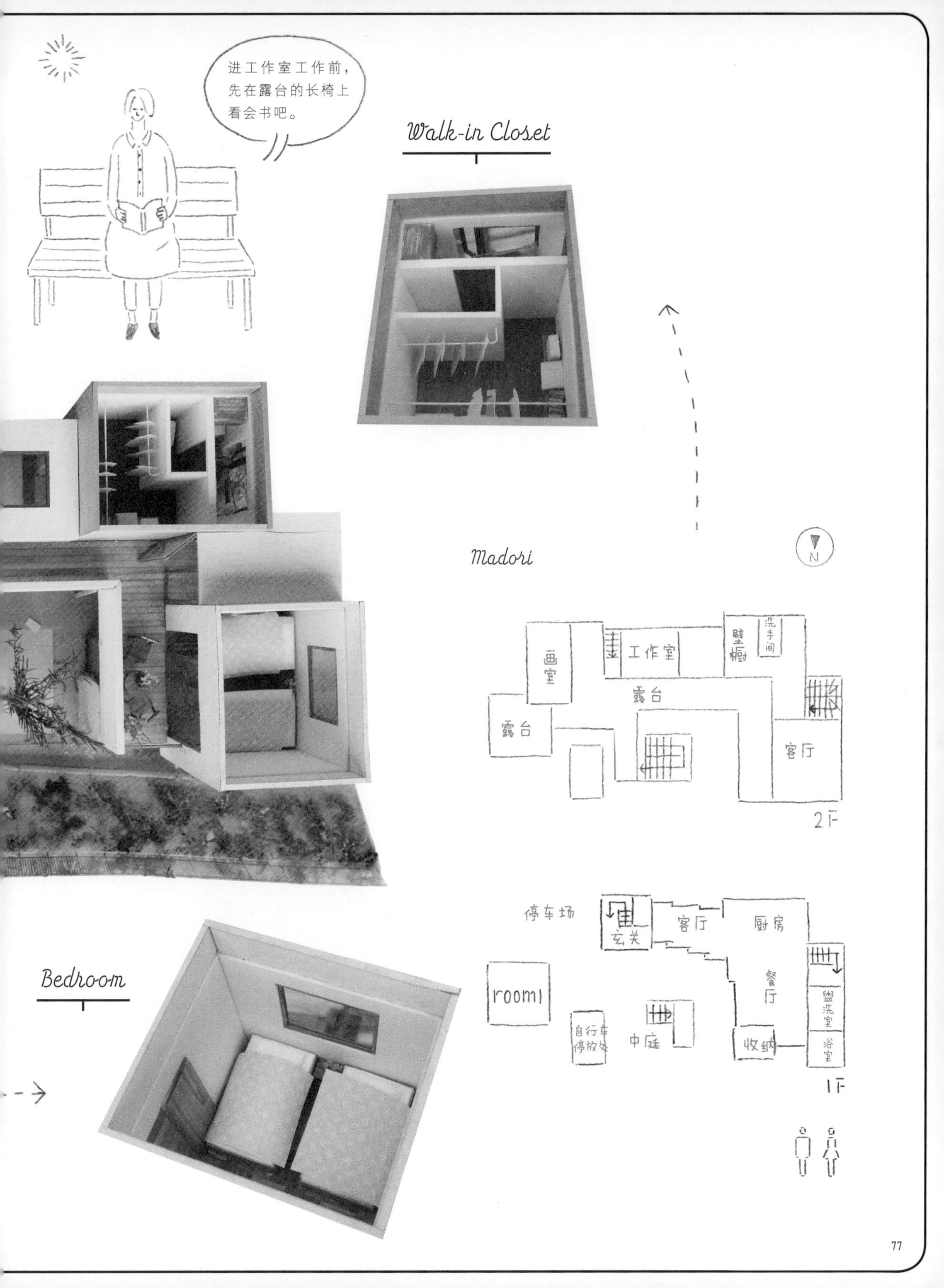
进工作室工作前，
先在露台的长椅上
看会书吧。
Walk-in Closet
Madori
N
画室
工作室
壁橱
洗手间
露台
露台
客厅
2F
停车场
玄关
客厅
厨房
餐厅
room1
自行车停放处
中庭
收纳
盥洗室
浴室
1F
Bedroom

Seasons

感受四季的生活

进入建在山里的家，可以尽情把四面的窗户都打开，进行充分的采光和通风，来自山里的风从东西南北各个方向吹进来，随着一天内太阳位置的变换，阳光也会从各个方位照射进来。一个深深的房檐可以遮挡住夏天的强烈日照，在舒服的季节里，房檐下的空间成为一个舒适的好去处。

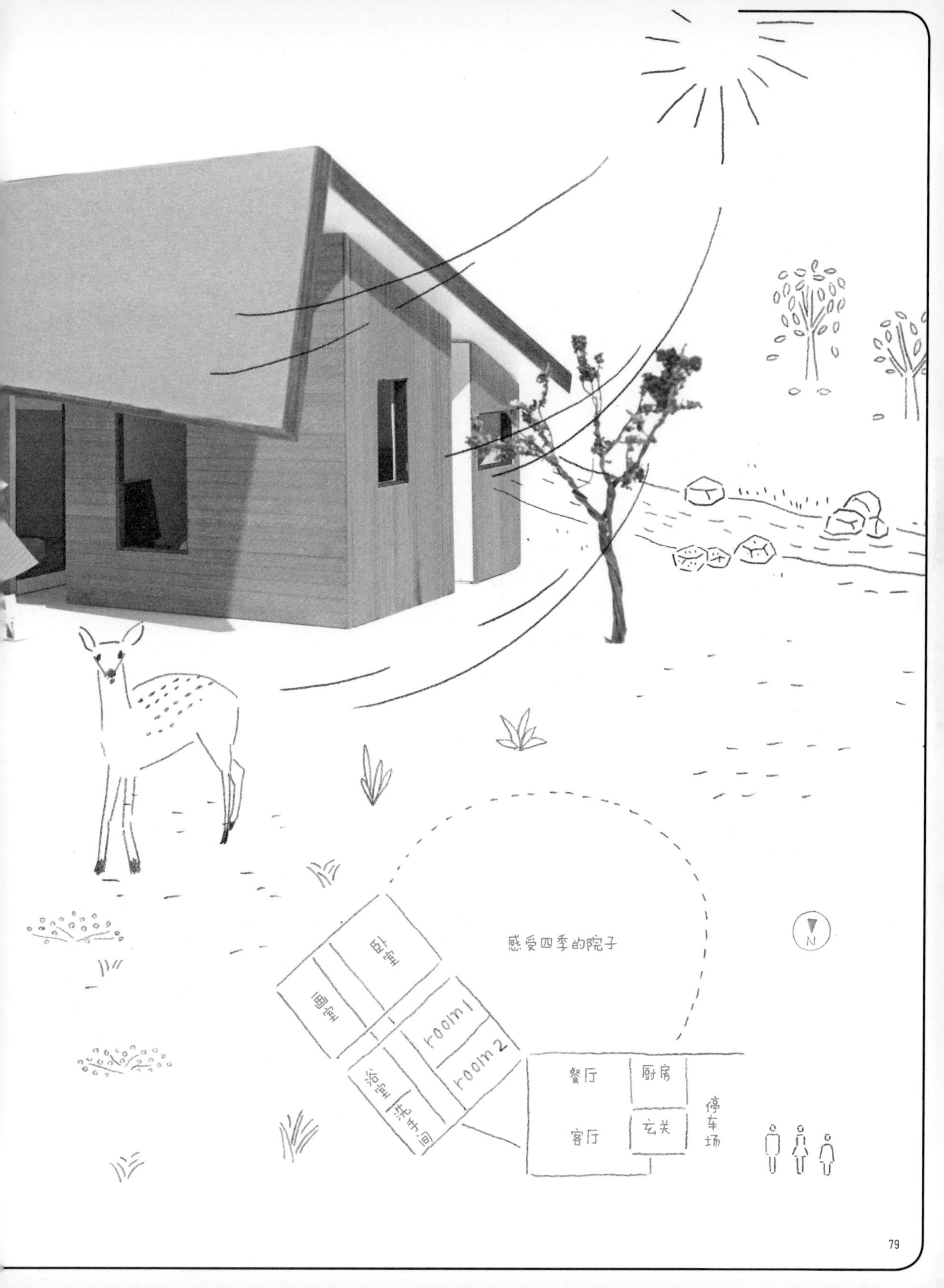
感受四季的院子
卧室
画室
room1
room2
浴室
洗手间
餐厅
厨房
客厅
玄关
停车场
N

变幻多端的自然环境和感受四季的庭院。

在花草发芽的春季，打开窗户可以让新鲜空气透进来。

从画室和浴室的窗户也可以感受到五颜六色的树木所装点的秋天。

Summer

绿意渐深的夏季，可以在南侧的大院子里体验BBQ的乐趣。

Winter

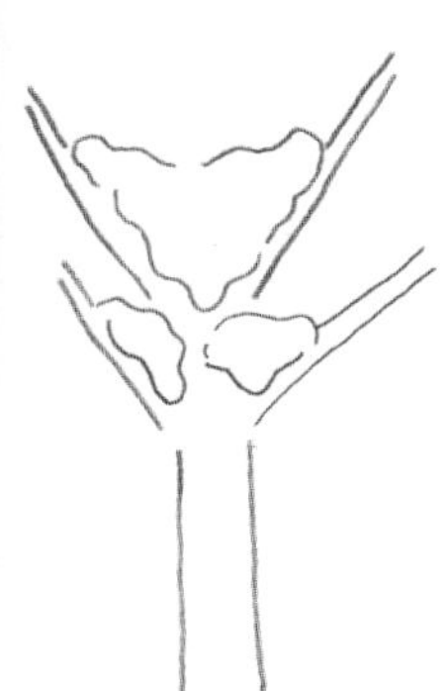

餐厅的大窗户外边，一片银色世界里可以感受到寂静的早晨，一轮冬日的暖阳送来阵阵暖意。

下个周末把大家
都叫来 BBQ 吧。

Outdoor Life

享受户外生活

在可以看见海的小山丘上建造一栋房子。绿色环绕的庭院里，可以尽情享受美好的户外生活。吹着海风荡秋千，与好朋友一起 BBQ，爬上小山丘……。与大自然衔接的庭院是这个家的主角，在这里，你可以独占整片海和绿色的田园。

在眼前延伸的海、满眼绿色的山丘，
都是居室布局的一部分。
在这里可以最大限度地享受户外生活。

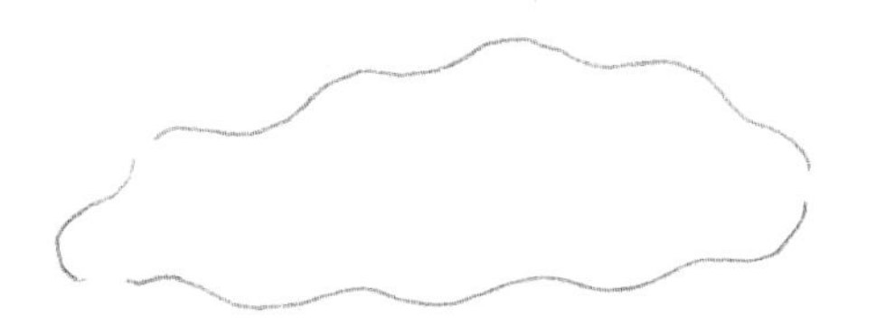

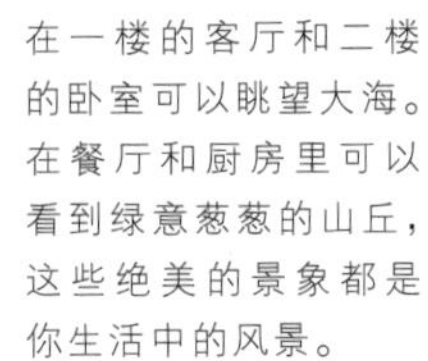

在一楼的客厅和二楼的卧室可以眺望大海。在餐厅和厨房里可以看到绿意葱葱的山丘，这些绝美的景象都是你生活中的风景。

为了充分享受户外生活，将家设计成了横着面向山丘打开的长条形布局。

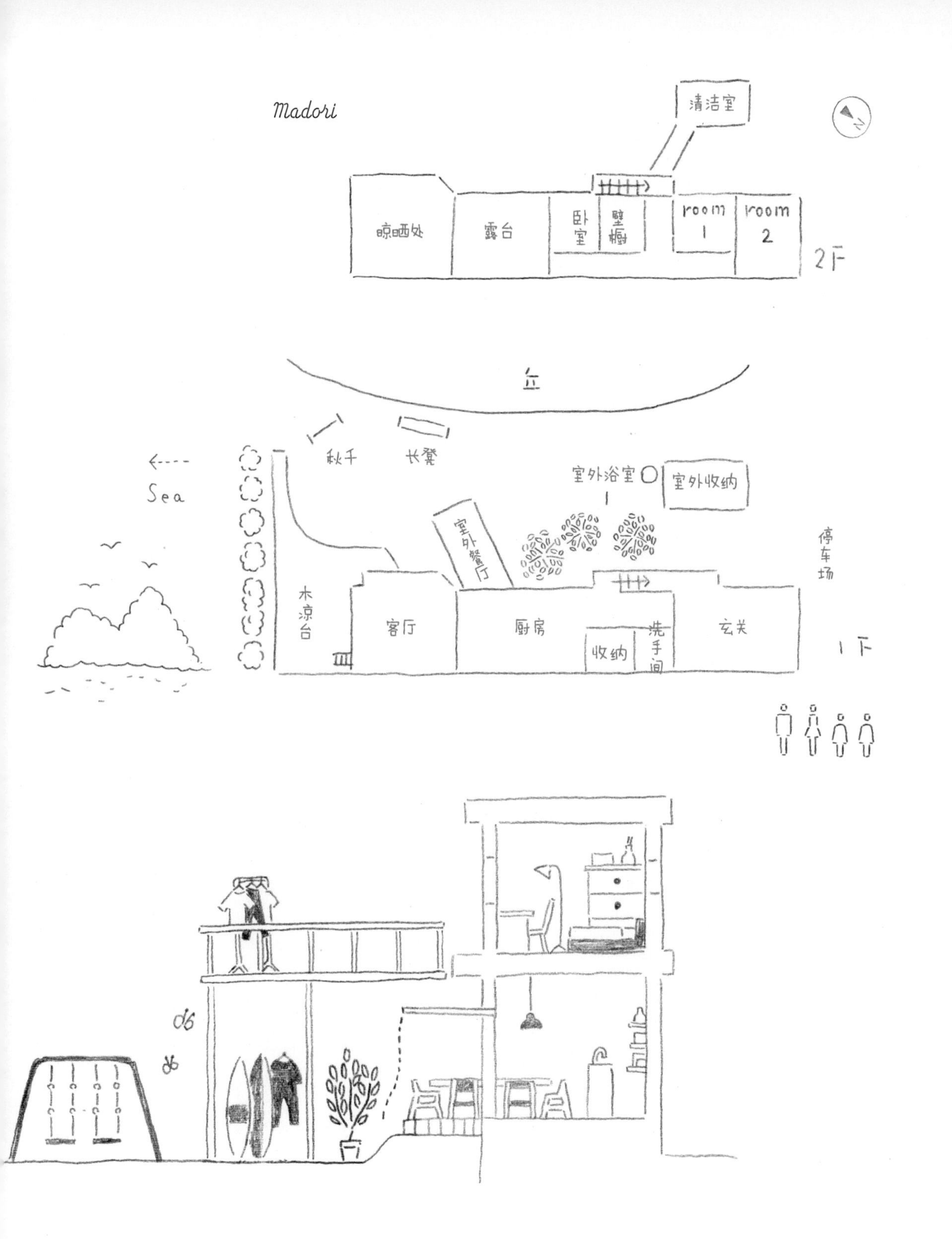
Madori
清洁室
晾晒处
露台
卧室
壁橱
room 1
room 2
2F
丘
秋千
长凳
Sea
室外浴室
室外收纳
室外餐厅
停车场
木凉台
客厅
厨房
收纳
洗手间
玄关
1F

Family Farm

农家生活

有的人会继承从父母那传承下来的农家院落，我们为这种院落进行了扩建、改建。经历时光的洗礼，老房子的各处都体现了祖辈们对生活的留恋，庄重与亲切并存。在这里，我们活用老房子的水泥地面和房梁，将其改造成了工作场，并且将从前的仓库改建成了卧室。为了沿承其特有的魅力，我们仔细动手改建，充满怀旧感且又崭新的两户人的生活空间由此诞生。

改建
将主屋分隔
成两户人的
卧室
扩建（作业场）
改建
作业场改成
杂物间
扩建（SHOP）

将有着80年历史的主屋
用泥地通道隔断，
改成两户人家的住宅。

在这里，我们不破坏主屋而将其活用。为了给同一屋檐下的父母家和孩子家维持一种距离感，在中间用一条水平的泥地通道隔开，面对面设计了两个房间。在孩子家这边增建了一个清洁室，与一个独立的仓库连接了起来。然后将仓库的二楼设计成了一间卧室。

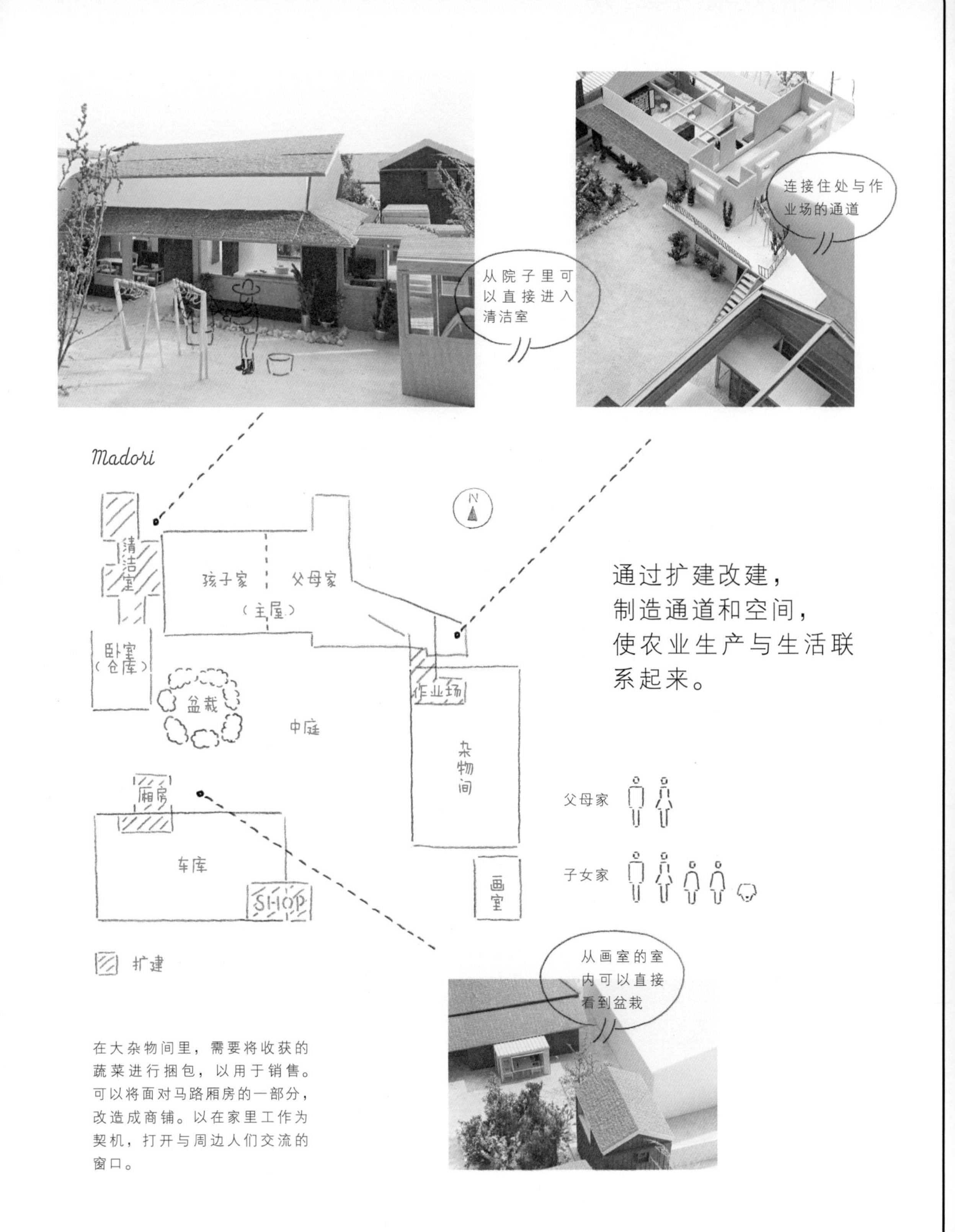

通过扩建改建，
制造通道和空间，
使农业生产与生活联系起来。

在大杂物间里，需要将收获的蔬菜进行捆包，以用于销售。可以将面对马路厢房的一部分，改造成商铺。以在家里工作为契机，打开与周边人们交流的窗口。

TIP3 ABOUT GREEN

我们一起思考

关于植物带来的幸福

Page 86

在大院子的中间，一个盆栽园集中了很多讲究的盆栽。

可以在檐廊下用花盆栽培香草。

在小院子里也可以开辟出一块家庭菜园的空间。

在公寓的院子里也可以尽情享受园艺生活。

TIP 3
ABOUT
GREEN

在窗边栽培一些方便打理的爬蔓植物。

Page 102

可以在桌子上摆放园艺花草，别有时尚的格调。

Page 94

在周末，可以进行都市里无法实现的菜田种植。

Page 24

观叶植物可以用于装饰房间。

Page 68

从树木中感受四季的五彩斑斓。

可以在迎接客人的入口处种植鲜艳的花草或者树木。

PART 3

在这个家里，你可以过集体生活

单元式住宅和公寓等，都不是一家人单独生活的地方。
集体生活中对生活乐趣的发现，
也随着各色各样的人和事物一起不断变化着。
让我们一起来看看集体生活中产生的生活乐趣吧。

CASE 1	有通庭的家	Row House 联排房屋	
		Residence : 3	租赁

联排房屋的形式与公寓不同，没有共同的走廊和楼梯，是住户并列相邻的住宅形式，这种布局使得住户可以直接进出室内外。占地细长的联排房屋为了使各住户方便进出，设置了“外部通道”。试一下把“通道”叫成“通庭”，这时，你会发现，原本贯通的通道，有了一个漂亮的香草园，又有了一个供大家聊天的廊檐，还有了一块水泥地，使得家的里外空间发生了巨大的变化。通庭增添了室内无法产生的附加乐趣，活跃了整栋房子。

联排房屋的庭院。

室内是紧凑的
跃层式公寓。
能在廊檐聊天，
真是太好了。

CASE 2	有很多阳台的家	Terrace House 联体住宅	
		Residence : 2	租赁

联体住宅是连在一起的住宅形式，各户分别拥有专有的庭院和阳台。在海的附近，我们建造的联体住宅有好几种大小、用途各不同的阳台。这栋公寓集中了喜欢大海和爱活动的人，在他们的阳台上，有摆着冲浪板的、有进行BBQ的、有躺在吊床上休息的，形成了很热闹的景象。住户生活中不同的个性体现在阳台上，成为了这栋建筑物风景的一部分。这种集居生活的多样化更加增添了生活的乐趣。

午睡阳台

这个阳台设计在一楼的单间和二楼的LDK相连的楼梯平台上，这个位置通风较好。在天气较好的周末午后，可以到吊床上躺着，听着喜欢的音乐小憩一下。

远眺阳台

这个阳台设置在最高处，远眺视野较好，光照也好，可以在这里一边欣赏街上的风景一边喝茶休息，用来晾晒衣物也很方便。

日光阳台

这个阳台是用玻璃罩起来的室内阳台。在灰浆地板上放一盆观叶植物和一个沙发，就可以尽情享受日光浴了。

树间光影阳台

这个阳台位于一棵大树的旁边，树影透过枝叶间的阳光洒落在阳台上。它像吧台一样长，可以叫来好朋友一起在这里BBQ。

跃层阳台

这个室内阳台是楼梯平台的延长。可以搬来一张书桌，将其作为书房使用。

2DK4T
TERRACE
2
远眺阳台
室内紧凑，
阳台宽敞，
积极享受室外生活。
TERRACE
1
花园阳台
出入房间便利，可
以在这里举行花园
party。
TERRACE
3
有树间光影的阳台
TERRACE
4
午睡阳台

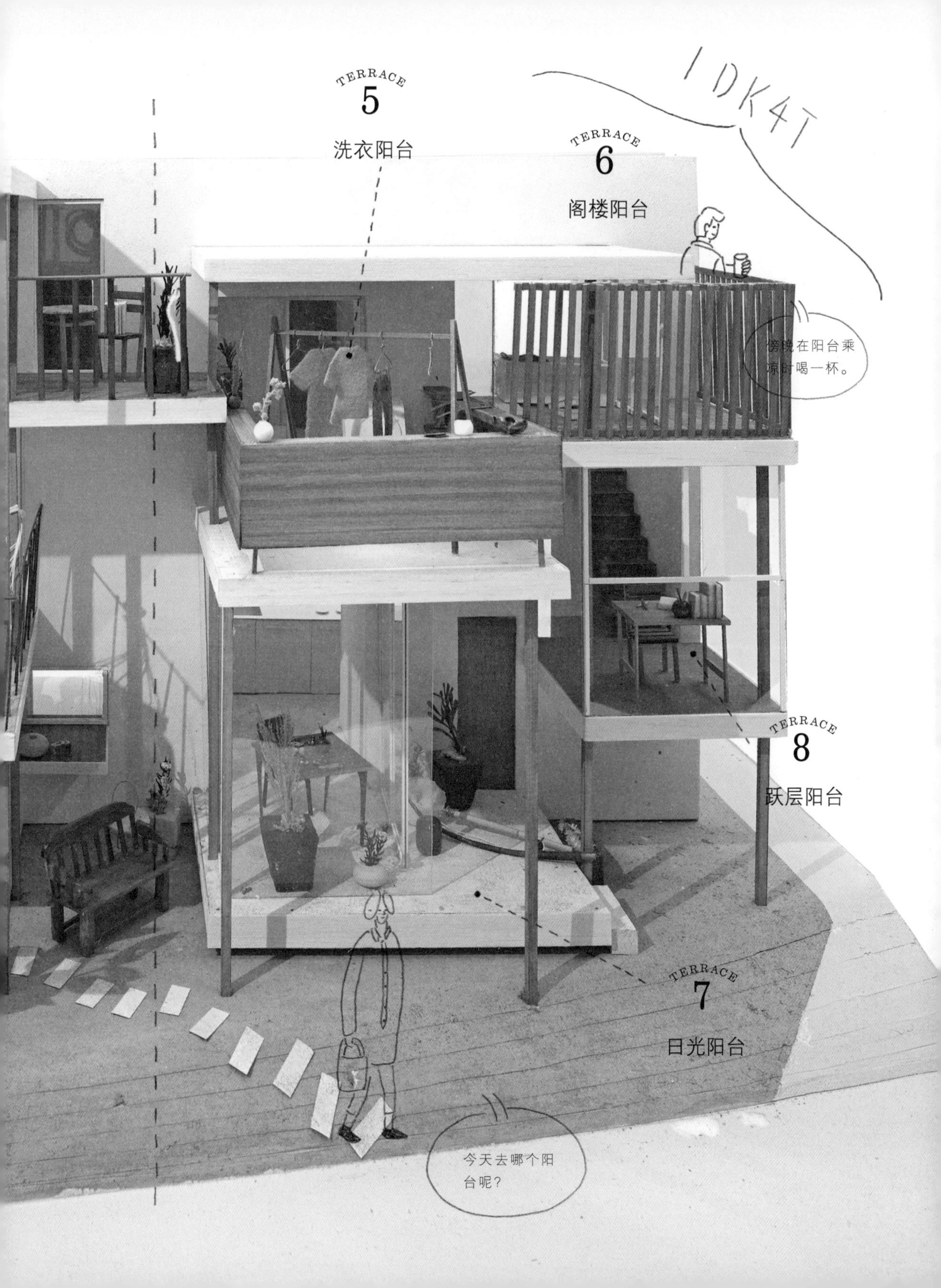
1DK4T
TERRACE
5
洗衣阳台
TERRACE
6
阁楼阳台
傍晚在阳台乘凉时喝一杯。
TERRACE
8
跃层阳台
TERRACE
7
日光阳台
今天去哪个阳台呢？

CASE 3	集中建造的家	Corporative House 合作集合住宅	
		Residence：8	分户出售

合作集合住宅这种住宅形式是在建房子之前就召集入住者，入住者们参与从选材到房屋建成的全过程。在正对樱花道的这片土地上，一群想亲身感受自然的人们聚集在一起，共同完成了带有心爱庭院的集合住宅的建设。这里有狗狗可以跑来跑去的露台，有可以远眺的阳台……。住户们的生活为建筑物增添了表情，为街道的风景添加了一抹色彩。另外，在合作集合住宅里，集中了住户们的智慧与收集的信息。分享、交换智慧与信息，是只有集体住宅才能实现的新的生活方式。

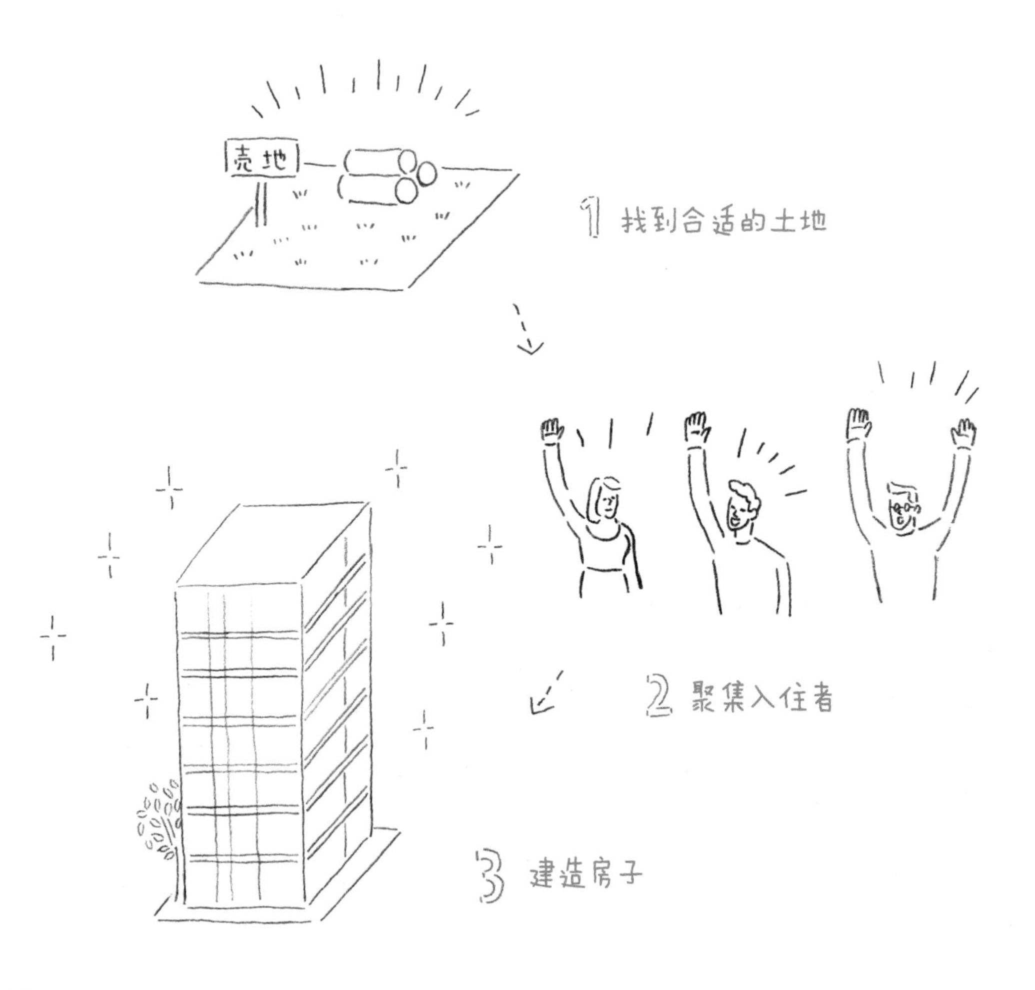

街道上，一个个花园成为了美好的风景。

4F 在这层有狗狗园
(dog garden)

B1F 在这层有菜园
(farm garden)

2F 在这层有吧台绿植园
(counter garden)

1F 在这层有绿植展示园
(display garden)

3F 在这层有植栽园
(green garden)

6F 在这层有眺望远方的花园
(overlooking garden)

8F 在这层有户外花园
(outdoor garden)

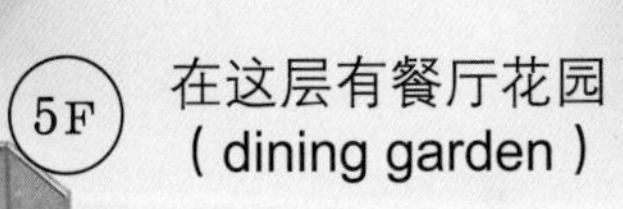

5F 在这层有餐厅花园
(dining garden)

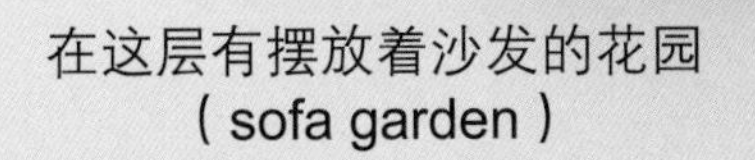

7F 在这层有摆放着沙发的花园
(sofa garden)

9F 在这层有高尔夫花园
(golf garden)

Counter Garden

正对着樱花树的地方有一张长长的吧台形的桌子，在赏花季节的夜晚，可以把朋友们叫来，举行一次关于赏花的聚会。

Farm Garden

在公寓也可以经营这样一个家庭菜园，从小栽培长大的新鲜蔬菜可以直接拿到旁边的厨房进行烹饪。

Parasol Garden

它位于可以将街道尽收眼底的8层，夏天时可以在桌子上方遮一把太阳伞，即刻变身为一个小小的啤酒花园（beer garden）。

Main Entrance

入口处并排放着8户人家各按所好选择的邮箱。“集体生活”营造的风景，也体现在这一细小之处。

TIP 4 ABOUT MODEL

我们一起思考

制作家具模型

将平时使用的家具当成模型，新家的尺寸大小就更容易想象出来了。模仿想用的家具做出模型，也会为室内装修提供一定的参考价值。在这里，介绍一下我们平时做模型的方法。

CHAIR

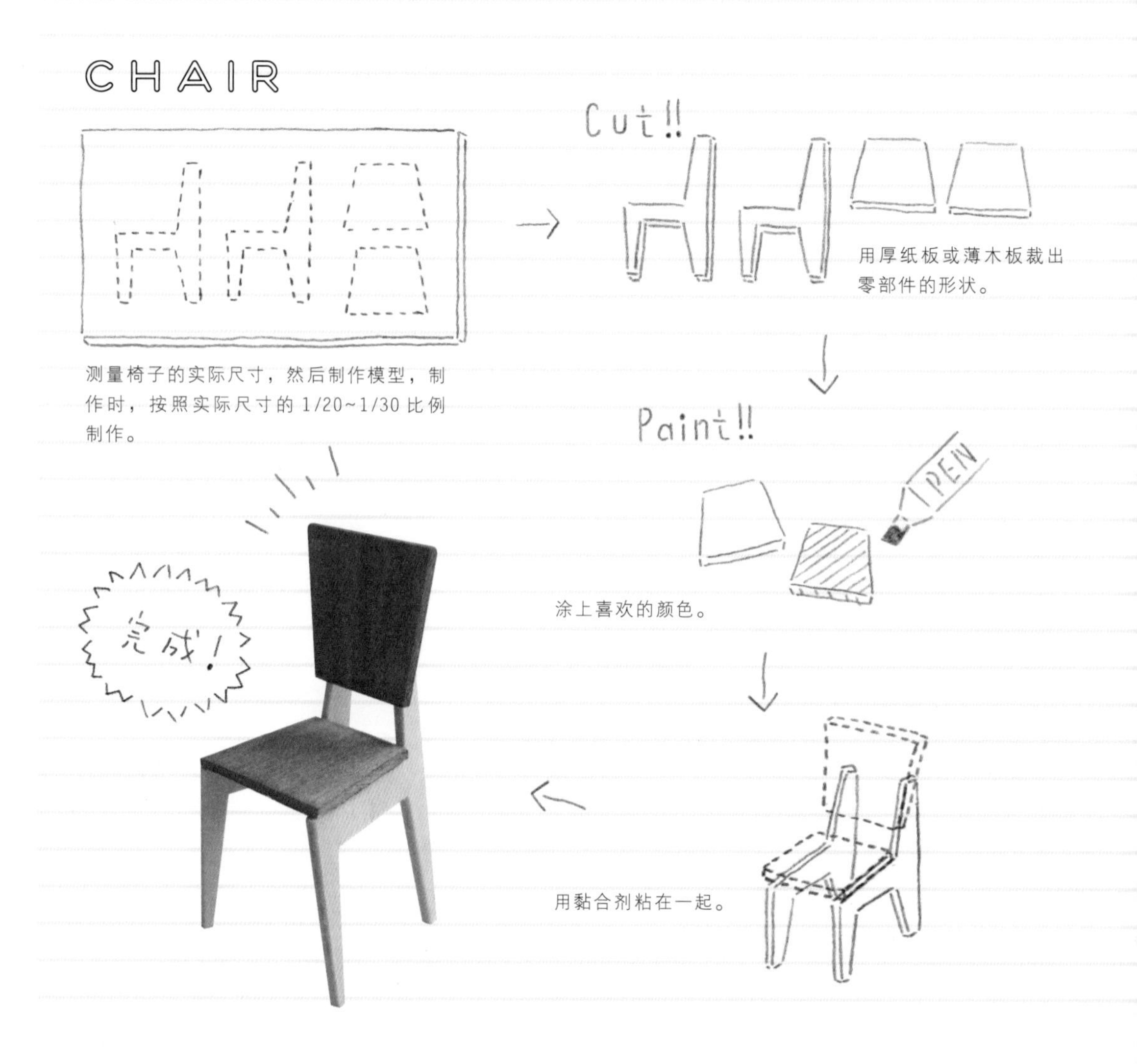

TIP 4
ABOUT
MODEL
SOFA
Cut!!
将塑料泡沫剪开，用锉
刀削掉四角。
用塑料泡沫制作沙发靠垫。
用黏合剂粘连零部件，
结合使用毛毡等材料的
话会更加逼真。
用薄木板裁出底座。
完成!
TABLE
Cut!!
测量想做的桌子尺寸，
裁出零部件。
薄薄地涂一层黏合剂，
将零部件粘在一起。
完成!

INDEX

完工房屋照片介绍

天空下的生活

Page 64

用地面积：182.25㎡
建筑面积：58.18㎡
使用面积：84.84㎡

住在“村子”里

Page 24

用地面积：648.52㎡
建筑面积：107.30㎡
使用面积：100.97㎡

这个房间，风景在身边

Page 42

用地面积：1018.39㎡
建筑面积：115.66㎡
使用面积：95.19㎡

有很多阳台的家

Page 98

用地面积：113.33㎡
建筑面积：66.31㎡
使用面积：97.68㎡

图书在版编目(CIP)数据

来我家参观吧！ / 日本On Design 编著; 李晓蕾 译. —武汉 : 华中科技大学出版社，2016.10
ISBN 978-7-5680-1982-8

Ⅰ. ①来… Ⅱ. ①日… ②李… Ⅲ. ①室内装饰设计 Ⅳ. ①TU238

中国版本图书馆CIP数据核字(2016)第148970号

来我家参观吧！
LAI WOJIA CANGUAN BA

日本On Design　编著
李晓蕾　译

出版发行：华中科技大学出版社（中国·武汉）
地　　址：武汉市东湖新技术开发区华工科技园华工园六路（邮编：430223）
出 版 人：阮海洪

责任编辑：赵爱华　　责任监印：秦　英
责任校对：王小米　　装帧设计：张　靖

印　　刷：北京文昌阁彩色印刷有限责任公司
开　　本：787 mm × 996 mm　1/16
印　　张：7
字　　数：100千字
版　　次：2016年10月第1版第1次印刷
定　　价：49.00元

投稿热线：(010)64155588-8000
本书若有印装质量问题，请向出版社营销中心调换
全国免费服务热线：400-6679-118　竭诚为您服务